牛羊健康养殖

NIUYANG JIANKANG YANGZHI
100 WEN

100问

董晓玲 主编

中国农业出版社
农村读物出版社
北 京

编 写 人 员

主　编：董晓玲

副主编：王　菲　鲁秋英　武兴隆　葵　花

参　编（按姓氏笔画排序）：

王思飞　李　敏　李　燕　沈美英

陈　贺　纳日嘎　赵剑利　郭　峰

前言

随着生活水平的日益提高，人们对牛羊肉的需求量与日俱增，我国牛羊养殖业得到了快速发展，但在养殖中仍有许多问题亟待解决。为了提高肉牛肉羊养殖生产的经济效益，有效地解决养殖生产中遇到的实际问题，需要理论与实践兼顾、以帮助解决问题为目的的书籍。

本书共分为三个部分，分别是营养篇、生产管理篇、健康养殖篇，以问答的形式向从业者答疑解惑。书中的问题都来自养殖生产一线，是笔者长期工作经验的积累与总结。

养殖户在实际生产中经常会遇到一些共性的问题，希望本书能帮助他们提升养殖效率、降低养殖成本、提高养殖效益。

因编者水平有限，加之时间仓促，缺点和错误之处在所难免，恳请读者批评指正。同时，笔者也希望读者将生产中遇到的问题电邮至 dongxiaoling943@sohu.com，我们将尽全力为大家解决，并在此书修订时加以补充。

让我们共同努力，为中国肉牛肉羊养殖业的发展贡献力量。

大北农反刍研究院

董晓玲　博士

2022 年 7 月北京

目 录

□□□□□□□□□□□□□□□□□

前言

目　录

营 养 篇

1. 怎样计算肉牛的干物质采食量？

饲料干物质是指饲料在含水量为 0 时（105℃烘干至恒重）的绝干饲料。肉牛干物质采食量（dry matter intake，DMI）是指肉牛每天采食的饲料干物质的重量，占体重的 1.8%～2.5%。

肉牛干物质采食量受品种、性别、年龄、生理状态、健康状况、饲料因素、环境因素、饲喂方式、管理因素等多方面的影响，很难精准测量。计算时，100～250 千克的肉牛 DMI 约占其体重的 2.5%，250～400 千克的肉牛 DMI 约占其体重的 2.2%，500 千克以上的肉牛 DMI 约占其体重的 2%。以体重为 400 千克的肉牛为例，每天干物质采食量约为：400 千克×2.2%＝8.8 千克。

肉牛对不同种类饲料的最大干物质采食量不同（表 1-1）。例如，1 头母牛，在自由采食条件下只能采食小麦秸秆 600 千克×1.5%＝9 千克，所以母牛在妊娠后期和哺乳期只饲喂秸秆是不能满足其营养需要的。

表 1-1　肉牛对不同种类饲料的干物质采食量

饲料种类	干物质采食量（%，占体重的百分比）
谷物籽实	2.75～3.25
优质干草	2.00～2.50
劣质干草	1.50～2.00

（续）

饲料种类	干物质采食量（%，占体重的百分比）
小麦秸秆	1.50
青贮	2.50～3.00
棉籽壳	2.50～3.00

2. 育肥牛精饲料建议采食量如何？

建议肉牛育肥前期按体重的 1.2% 饲喂，育肥后期按体重的 1.5% 饲喂。

3. 肉牛育肥时自由采食有剩料好还是没有剩料好？

建议肉牛饲喂后到下次饲喂前 2 小时基本无剩料。拴系牛群可以采用饲喂后 2 小时内无剩料，在每天正常饲喂的基础上额外补充一顿北京大北农科技集团股份有限公司（以下简称大北农）研发的健康伴侣，每头牛饲喂 1 千克，可以有效改善育肥牛的屠宰率。

4. 肉牛的料重比是多少？

肉牛品种不同，其料重比不同。一般地方品种肉牛料重比为 (8～9)：1，新疆褐牛为 (7～8)：1，西门塔尔牛为 (6～7)：1。此处所指的料包括精饲料、粗饲料和辅料。生产中常说的 (4～5)：1 单指精饲料。另外，某个阶段的料重比并不能代表整个育肥期的料重比。

5. 体重 500～600 千克的育肥牛采食量不增加，增重效果不显著的原因是什么？如何解决？

原因：育肥牛的采食量是否增加与体重之间的关系不大。体重为 500～600 千克的育肥牛采食量不增加是因为使用精饲料育肥的时间过长，或者因加料速度过快、加料过量导致。

解决方法：

（1）如果只是采食量不增加，则可以直接加健康伴侣。每天增加 0.25 千克健康伴侣，直至增加至 1 千克，饲喂 1 个月。1 个月后继续每天增加 0.25 千克健康伴侣，直至增加至 2 千克，饲喂 1 个月。如果牛的食欲很好，还可以继续每月增加 1 千克健康伴侣。以此类推，直到肉牛出栏。

（2）如果在肉牛育肥后期已经出现采食量下降，则减少 0.5 千克玉米的饲喂量，同时增加 1 千克健康伴侣，饲喂 1 个月。1 个月后继续每天增加 0.25 千克健康伴侣，直至增加至 2 千克，饲喂 1 个月后继续增加 1 千克健康伴侣。以此类推，直至肉牛出栏。

（3）如果肉牛已经出现采食量下降，并且出现吐草团等现象，可以在方法（2）的基础上，额外灌服半袋大北农绿抗素，连服 3 天效果更明显。

6. 育肥牛"油大"如何解决？

育肥牛"油大"与日粮组分、肉牛的年龄和品种都有关。在不使用一些激素类产品的情况下，既要追求高生长速度，又要保持育肥牛瘦肉率高很难。在动物年龄和品种相同的情况下，通过调控日粮的营养成分可以相对减少育肥牛的含油量。育肥后期日粮粗饲料占日粮干物质的 20%，玉米占 45%，浓缩料占 20%，健康伴侣占 15%。通过增加健康伴侣饲喂量来增加干物质采食量。

7. 育肥牛生产中青贮饲料在全混合日粮中占多少比例？

育肥牛生产过程中青贮饲料的饲喂量取决于青贮的质量和饲

养管理程序，以及所饲喂的辅料等。如果青贮饲料的质量较好，日粮中没有水分含量高的其他辅料，并且牛群自由采食，那么青贮饲料可以作为育肥牛日粮中的唯一粗饲料使用。根据各阶段的营养需求，青贮饲料的干物质饲喂量可以占日粮干物质含量的20%～30%。如果青贮饲料中的水分含量大，日粮中添加有类似湿啤酒糟、白酒糟或者豆腐渣等水分含量较大的辅料，并且牛群采用限制采食时间的饲喂方式，那么一定要评估牛群的干物质采食量。一般建议青贮饲料的饲喂量占粗饲料干物质饲喂量的一半，如果能在限制饲喂的时间内采食足够的干物质，那么就可以增加青贮饲料的比例。

8. 肉牛常用的糟渣类饲料有哪些？饲喂量是多少？

糟渣类饲料是酿造、淀粉生产、豆腐生产加工等的副产品。其主要特点是水分含量高达 70%～90%，干物质中粗蛋白含量为 25%～33%，B 族维生素含量丰富，还含一些有利于动物生长的未知生长促进因子。常用的糟渣类饲料有：

（1）啤酒糟。鲜啤酒糟中水分含量 75% 以上，干啤酒糟中粗蛋白含量为 25% 左右，体积大，纤维类物质含量高。啤酒糟用于奶牛饲喂，可取代部分饼粕类饲料，鲜啤酒糟日用量不超过 15 千克，干啤酒糟不超过精饲料的 30%。

（2）白酒糟。因制酒工艺不同，营养价值各异。酒糟粗蛋白含量一般为 19%～30%，是饲喂育肥牛的好原料，鲜白酒糟日饲喂量不超过 15 千克，占日粮干物质的 30% 比较适宜。白酒糟一般不适宜饲喂繁殖母畜，更不要饲喂妊娠母牛。不宜将白酒糟作为日粮唯一的粗饲料，需要和秸秆饲料、青贮饲料、干草和优质青绿饲料搭配。长期使用白酒糟时应该在日粮中补充维生素 A，每头牛每天 1 万～10 万国际单位（IU）。

（3）豆腐渣、酱油渣。为豆科籽实类加工副产品，干物质中粗蛋白的含量在 20% 以上，缺乏维生素。日饲喂量控制在 2.5～5

千克为宜。这类饲料水分含量高，一般不宜存放过久，否则很容易酸败。酱油渣含盐量较高，一般在 2%～3%，所以不可多喂，一般日饲喂量控制在 3～5 千克。

9. 育肥牛不同体重阶段，月增重在实际生产中的参考标准如何？

　　第一阶段：过渡期 1 个月（250～270 千克）。该阶段增重数据差异较大，0～60 千克都有可能出现，还有可能出现体重下降，主要受牛群来源、应激程度、应激过渡方法等多种因素影响。

　　第二阶段：拉架子阶段 3.5 个月（270～400 千克）。不适宜直接使用高精饲料育肥，此阶段以拉骨架为主，所以平均日增重控制在 1.3 千克左右。

　　第三阶段：育肥中期 4 个月（400～600 千克），平均日增重可以控制在 1.6 千克。

　　第四阶段：育肥后期 2 个月（600～700 千克及以上至出栏），平均日增重 1.6～1.8 千克。短期出现不长和较大增重都是正常现象，短期增重并不能代表整个育肥期的增重情况。未来在遗传潜力和饲养条件方面进行改进，以及在动物福利上给予更多关注，都有可能挖掘更高的增重潜力。

10. 母牛产前产后可以用同一个日粮产品吗？

　　原则上从各个生理阶段来说，母牛的生理需要存在一定的差异。产前主要用于胎儿的生长和为产犊做准备，同时又希望母牛保持合理的体况，不要过肥，所以在日粮营养上更强调蛋白质、微量营养（维生素和矿物质）。产后母牛需要产奶，还需要恢复体况，进入下一个配种期，所以对能量、蛋白质、微量营养都有很高的需求。所以理论上应该把产前和产后日粮分开。但是实际生产中，母牛饲养场很难将母牛进行分群，所以饲喂上也无法分开。针对这种实际生产情况，建议母牛饲喂浓缩料，通过配比进行调整。如果当地没有玉米，只能饲喂精饲料补充料，那么就对采食量进行调整。

11. 犊牛喂料晚，瘤胃发育不好，日粮以母乳和干草为主，生长缓慢，如何解决？

瘤胃发育包括三个方面：第一是瘤胃容积占到 4 个胃总容积的 80％（一般 4 月龄）；第二是瘤胃上皮组织的发育（即瘤胃黏膜发育和瘤胃乳头发育），需要尽早饲喂开食料来刺激瘤胃上皮组织的发育；第三是瘤胃内大量微生物菌群的建立，一旦开始采食固体饲料，瘤胃微生物就会大量繁殖，并且建立自己的菌群组织系统。

对于 3～6 月龄才开始饲喂精饲料的犊牛，其瘤胃上皮组织发育还不完善，如果马上给犊牛饲喂大量精饲料，精饲料在瘤胃内快速发酵产生挥发性脂肪酸，而瘤胃壁的吸收能力还不健全，那么犊牛很容易发生腹泻或者臌气。针对这种情况可以采用以下两种方法来解决：第一种是限饲，即前 3 天采用少量多次的方式进行饲喂，每次饲喂犊牛料不要超过 150 克，每天饲喂 4～5 次。但是这种方式不仅会增加人工成本，而且如果管理不好，牛群会出现争食现象。牛群中体重大的犊牛会采食更多的犊牛料，而体弱的犊牛采食会更少。因此，大体重的犊牛往往会过食犊牛料而腹泻和臌气，而体弱的犊牛因为采食不够而更弱。第二种是采用健康伴侣搭配犊牛料的方式来解决，即前 3 天自由采食健康伴侣，第 4 天开始每天用犊牛料替换 20％的健康伴侣。在替换过程中，一旦出现粪便异常，就停止替换，持续 2 天后，继续替换，直到全部饲料换成犊牛料自由采食。

12. 哺乳期犊牛料的饲喂需要注意什么？

（1）饲喂符合犊牛哺乳期生理特点的犊牛料。

（2）7 天左右开始饲喂教槽料，料槽清洁、干净、无污染物。

（3）犊牛料少喂勤添，自由采食。

（4）饲喂犊牛料期间一定要保证饮水，不能奶和水一起饲喂，也不能把奶当水饲喂。

13. 3~5 月龄的犊牛，是需要高蛋白饲料还是低蛋白饲料？饲喂哪种饲料腹泻率较低？

犊牛料的粗蛋白含量与犊牛的生长速度息息相关，精饲料粗蛋白含量应为 18%~20%。3~5 月龄的犊牛在断奶期发生的腹泻往往与断奶应激有关。大北农的犊牛料已经在抗腹泻方面进行了升级，在犊牛断奶过渡期间建议与健康伴侣搭配使用，可以有效控制腹泻的发生。

14. 哺乳的犊牛还需要喝水吗？

饮水对于犊牛非常重要，水在机体内的作用如下：

（1）输送营养物质，保持能量供给。

（2）调节体温，减少应激。

（3）维持体内各种细胞的代谢更新。

（4）调节体内各种化学反应。

因此，哺乳期的犊牛也需要喝水。

15. 山羊、杂交绵羊和本地纯种绵羊不同阶段的精饲料和粗饲料饲喂量如何？

山羊：干物质采食量占体重的 3%~3.5%；精粗比：前期 3：7，后期 6：4。

杂交绵羊：干物质采食量占体重的 4%~4.5%；精粗比：前期 3：7，后期 7：3。

本地纯种绵羊：干物质采食量占体重的 3.5%～4%；精粗比：前期 3∶7，后期 7∶3。

16. 羊育肥期自由采食的情况下，如何控制粗饲料的添加量？

自由采食一般属于全混合日粮饲喂模式。在过渡期添加饲草尤为重要，在育肥后期全混合日粮中不添加饲草的情况也比较多；若添加饲草，则饲喂量为 50～100 克/天。

采用浓缩料育肥模式，初期自由采食饲草，后期饲草采食量逐步下降，但建议不低于 250 克/天。

17. 育肥绒山羊的配合饲料粗蛋白含量是多少？育肥阶段最优日增重大概是多少？

育肥绒山羊时饲料中的粗蛋白含量为 12%～14%（建议使用山羊专用全混合日粮），而绵羊配合饲料粗蛋白含量在 14%～16%。绵羊育肥期日增重控制在 300～350 克最佳，山羊育肥期日增重控制在 175～200 克最佳。

18. 羔羊育肥的优质饲草有哪些？

羔羊育肥可以选择的饲草种类很多，育肥阶段以精饲料为主，饲喂饲草的主要目的是保持瘤胃健康。应当减少青贮的饲喂，因为青贮中的水分含量大，育肥羊干物质采食量不够，营养缺乏，生长速度会受到影响。绵羊和山羊很容易感染李氏杆菌，会引起李氏杆菌病。李氏杆菌喜欢在湿冷环境中生长，应每天将饲槽清扫干净，避免羔羊感染。玉米青贮可能会感染李氏杆菌。也要限制饲喂新鲜青草，因其贮存不当容易发生霉变，导致羔羊腹泻。另外新鲜青草水分含量高，很容易产生饱腹感，导致羔羊营养摄入不足，从而影响育肥长势。

19. 母羊圈养舍饲，精饲料日采食量控制在多少合适？

多羔母羊产前精饲料补充料的日采食量为 0.5 千克，单羔母羊产前精饲料补充料的日采食量为 0.35 千克。对于产后母羊，单羔每天饲喂 0.5 千克精饲料补充料，双羔每天饲喂 0.8 千克精饲料补充料，三羔及以上每天饲喂 1.25 千克精饲料补充料。母羊在断奶前 2 天停止饲喂精饲料补充料，同时断水或少饮水；断奶后 3 天只供给干草，以利于乳汁的吸收。

20. 如何预防哺乳期母羊体况偏瘦？

（1）首先考虑采食量。例如，干物质采食量是否足够，干物质采食量应达到 2 千克/天以上；考虑精饲料饲喂量是否足够，是否根据产羔数适当增加了饲喂量，一般建议单羔母羊每日饲喂 0.5 千克精饲料补充料，双羔母羊每日饲喂 0.8 千克精饲料补充料，三羔和三羔以上母羊每日饲喂 1.25 千克精饲料补充料。

（2）其次要考虑是否有寄生虫，检查母羊是否驱虫以及驱虫效果等。驱虫要内外兼顾，并且驱虫后圈舍一定要进行消毒，防止圈舍和粪便中有虫卵存活。

（3）最后要关注母羊产前体况是否合理。如果产前瘦（体况评分低于 3 分），产后也会瘦。产前过肥会导致产后代谢病增加，同时产后采食量恢复缓慢，从而造成产后快速消瘦。这就要归结于产前营养。所以产前 2 个月要开始饲喂母羊精饲料补充料，单羔母羊每日给予 0.35 千克，多羔母羊每日给予 0.5 千克，不能只饲喂玉米或者秸秆。

21. 大北农羔羊料的主要特点是什么？

羔羊从出生至 30 天内以消化液体奶为主，对固体饲料消化能力弱。大北农羔羊料（教槽料）原料组成以易消化的膨化原料为主，同时添加乳清粉、益生菌、酶制剂等，综合营养方案预防羔羊腹泻，教槽料的粗蛋白含量为 16％～18％。易教槽、防腹泻是大北农羔羊料的主要特点。

22. 哺乳期羔羊的饲喂方法及注意事项有哪些？

饲喂方法：

（1）饲喂符合羔羊哺乳期生理特点的羔羊料；羔羊料颗粒粒径 2.0～3.5 毫米。

（2）10 天左右开始饲喂教槽料，料槽清洁、干净、无污染物。

（3）羔羊料少喂勤添，自由采食。

（4）设置开食料饲喂区，羔羊可以自由出入，母羊不能进入。

（5）饲喂羔羊料期间一定要保证饮水，不能奶和水一起饲喂，也不能把奶当水饲喂。

注意事项：

（1）7 天内羔羊死亡率较高，弱羔多（与母羊妊娠有关系）。

（2）7～15 天教槽很关键。

（3）16～30 天羔羊体重 6～13 千克，15 天之后羔羊料日采食量达到 50～70 克，以自由采食为主。

（4）20～30 天是母羊泌乳高峰期，可以满足羔羊日增重 300 克。

（5）31～45 天羔羊每天需要能量 5 兆焦，精饲料只能满足一半能量供给，剩下由奶提供。奶：增重≈5∶1。

如果长时间蛋白质摄入不足会造成羊体格矮小，生产性能降低。

23. 用哺乳羔羊料饲喂过渡期育肥羔羊出现腹泻的原因有哪些？

第一，哺乳羔羊料通常具有高能量、高蛋白、低纤维、易消化、适口性好等特点。

第二，过渡期育肥羔羊一般未采食过羔羊料。这种情况的羊瘤胃还未发育健全，当采食哺乳期羔羊料后，无法消化吸收其中的营养物质，从而出现营养性腹泻。

第三，育肥羔羊进圈后，没有对其进行限饲而直接自由采食哺乳期羔羊料。体重大的羔羊会由于饥饿而采食过量的羔羊料，导致营养性腹泻。越是体重大的羊越容易出现这个问题。品质越好的哺乳期羔羊料越容易出现上述问题。

针对以上问题，在饲喂过渡期育肥羔羊时，一种方法是将哺乳期羔羊料和健康伴侣按1∶1搭配使用，进行过渡；另一种办法是使用专门的育肥期羔羊料（营养浓度低于哺乳期羔羊料）。

24. 牛羊育肥期预混料、浓缩料、精饲料补充料（常规做法）效果对比如何？

预混料适用于可以采购到丰富的原料，且可以做原料的营养检测并对原料的质量进行评估，以及能够根据不同原料的营养价值配制营养均衡的日粮的牧场，一般适用于大牧场。浓缩料主要适用于玉米和能量原料充足的牧场。精饲料补充料适用于粗饲料资源匮乏和玉米等能量资源匮乏的牧场。

25. 育肥牛羊的日粮需要额外添加食盐吗？

如果日粮中的食盐含量已经满足育肥牛羊的需要，则不需要额外添加。如果牛羊出现舔土等现象，可以准备一个盐槽让其自由舔食。

26. 如何计算玉米青贮替代精饲料的比例？

饲料营养需要考虑各项指标的平衡，所以无法说明玉米青贮如何替代精饲料。具体玉米青贮指标可以采样实测。表 1-2 中列举了常见粗饲料的营养指标，供参考使用。

表 1-2　几种常见粗饲料的营养成分（干物质基础）

饲料种类	DM (%)	TDN (%)	NEm (兆卡*/千克)	NEg (兆卡/千克)	ME (兆卡/千克)	CP (%)	Ca (%)	P (%)	Starch (%)	NDF (%)
玉米青贮	34	68	1.56	0.97	2.45	9.5	0.24	0.23	30	50
玉米黄贮	40	53	1.09	0.54	1.94	5	1.76	0.16	6	64
玉米秸	86	52	1.06	0.51	1.90	6	0.55	0.11	10.8	71
麦秸	91	50	0.97	0.42	1.81	5	0.33	0.11	1.7	73
稻草	92	54	1.13	0.57	1.98	7	0.24	0.21	8	63
花生秧	90	57	1.23	0.66	2.08	11	1.24	0.15	4	47

注：DM，干物质；TDN，总可消化养分；NEm，维持净能；NEg，增重净能；ME，代谢能；CP，粗蛋白；Ca，钙；P，磷；Starch，淀粉；NDF，中性洗涤纤维。下同。

27. 青贮的理化指标范围如何？

判断青贮品质的首要方法是观察颜色、气味和是否结块。水分是检查青贮的基础指标。如果适量青贮握于手中，用力时，水滴从手指中渗出，则水分含量大于 75%；如果松开手掌，手中有水分，青贮不散开，则水分含量在 70% 左右；如果松开手掌，青贮慢慢松散开，则水分含量为 65% 左右；如果青贮立即松散开，手掌中没有水，则水分含量小于 60%。进一步鉴定需要测定化学指标：pH 3.6～4.2，乳酸 6%～10%，乙酸＜2%，丙酸＜0.1%，丁酸＜0.1%，乙醇 1%～3%，氨态氮 3%～7%。其中，丁酸、乙醇、氨态氮都不能超标。在实际使用时，为了搭配合理的日粮，

＊ 卡为非法定计量单位，1 卡≈4.186 焦耳。——编者注

还需要用宾州筛测定各筛比例，根据指标来调整日粮中粗饲料的配比。建议宾州筛不同筛层的比例：19 毫米（5％～15％），8 毫米（大于 50％），1.18 毫米（小于 30％），筛底（小于 5％）。实践中为了方便，把存留在 1.18 毫米筛上的中性洗涤纤维（NDF）认为是刺激咀嚼的物理有效中性洗涤纤维（peNDF），奶牛日粮中至少含有 19％～21％的 peNDF 才能保持瘤胃发酵状态。近期研究发现，8 毫米筛上物的比例比 1.18 毫米筛更能准确预测瘤胃 pH。所以在泌乳奶牛日粮中，以 8 毫米筛判断的 peNDF 要达到 14％～15％才能保持瘤胃的发酵状态。肉牛高精饲料育肥模式下，建议 peNDF 为 10％（日粮干物质基础）。饲料分级筛可以用来测定粗饲料的物理有效因子（pef）。例如，如果测得青贮的 1.18 毫米筛上物比例为 90％，那么 pef 值为 0.9，测得青贮的 NDF 含量为50％，那么青贮的 peNDF 含量为 0.9×0.5＝0.45。如果育肥牛精饲料占日粮干物质的 80％，青贮占日粮干物质的 20％，那么来源于粗饲料的 peNDF 含量为 9％（即 0.9×0.5×20）。尽管谷物类型和加工程度不同，精饲料对 peNDF 的贡献还是非常有限的，可以忽略不计。表 1-2 列举了常见的粗饲料的营养指标，但实际生产中粗饲料的指标变异很大，应以实测为主。

28. 白酒糟、啤酒糟的理化指标范围以及可以替代精饲料的比例如何？

啤酒糟的制作工艺比较相似，所以营养成分相对较稳定（表1-3），但在使用前也应进行测定。

表 1-3　啤酒糟的营养成分（干物质基础）

饲料种类	DM (%)	TDN (%)	NEm (兆卡/千克)	NEg (兆卡/千克)	ME (兆卡/千克)	CP (%)	Ca (%)	P (%)	Starch (%)	NDF (%)
啤酒糟	93	72	1.7	1.08	2.6	25	0.32	0.65	5.77	52
湿啤酒糟	25	73	1.75	1.13	2.67	28	0.35	0.68	4.8	50

　　不同地区白酒糟的营养成分变化很大（表 1-4），主要原因是白酒糟的制作工艺不同，所以在使用前必须进行测定。白酒糟替代精饲料的比例也和制作工艺有关。白酒的酿造原料（玉米、小麦、高粱等）易受黄曲霉污染，加工过程中谷物转换为酒糟的比例为 3∶1，如果白酒原料受污染，白酒糟中黄曲霉毒素会浓缩 3 倍。另外，鲜酒糟残余营养物质丰富，水分含量高，易发生腐败变质，也会产生黄曲霉毒素。白酒糟的能量低于玉米，近似于苜蓿的能值，在育肥牛日粮中可以占到干物质总含量的 30%（湿白酒糟每天饲喂量尽量不要超过 12 千克）。

表 1-4　不同地区干白酒糟营养成分比较（%）

产区	干物质	粗蛋白	粗纤维	粗脂肪	粗灰分	磷	钙
山东	91.7	23.5	25.6	10.5	10.1		
北京	92.3	18.7	24.4	10.2	10.5		
内蒙古	91.8	17.8	22.1	9.1	9.7		
河南	92.9	16.4	18.4	5.5	14.2		
江苏	89.5	21.8	20.9	7	3.9	0.28	0.62
青海		27.3	16.4	8.1		0.13	0.76
山西		15.5	20.6	7	9.2	0.32	0.42
重庆		15.4	19.5	4.8	11.9	0.26	0.14
安徽		13	21	3.8		0.38	0.21
四川		17.8	27.6	7.4	13.3	0.41	0.26

　　资料来源：余有贵等，2009。

29. 牛瘤胃微生物能合成哪些维生素？为什么会出现维生素缺乏？

　　（1）反刍动物瘤胃可以合成大量维生素 K_2，维生素 K_1 在绿色牧草中的含量也非常丰富。肉牛对维生素 K 的需要量尚不明确，因为瘤胃细菌合成与饲料原料天然供给的双重机制已经完全满足了肉牛对维生素 K 的正常需要。

（2）反刍动物合成 B 族维生素的能力强大，一旦给反刍动物饲喂干饲料，瘤胃微生物便会迅速开始合成 B 族维生素。实际生产中，B 族维生素的缺乏一般发生在瘤胃功能发育不全的幼龄犊牛阶段，或者发生在有拮抗物存在或缺乏合成 B 族维生素所需要的前体物的情况下。

（3）幼龄犊牛由于瘤胃还没有完全发育，瘤胃微生物区系还没有完全建立，所以有可能患维生素 B_{12} 缺乏症。维生素 B_{12} 缺乏症与钴缺乏症类似，几乎无特异性，主要表现为食欲不振、生长受阻、体况下降等，严重缺乏时会导致肌无力和周围神经脱髓鞘。在实际生产中，缺钴会继发维生素 B_{12} 缺乏症。

（4）幼龄动物也很容易发生烟酸缺乏症，在瘤胃发育未健全之前需要在饲粮中添加烟酸或者色氨酸。烟酸缺乏症表现为：食欲不振、生长停滞、肌无力、消化功能紊乱、腹泻等，也可能发生鳞状皮炎，通常还伴有小细胞性贫血症的发生。

（5）瘤胃发育健全的反刍动物可以合成硫胺素，但是硫胺素的合成受到日粮因素的影响，主要包括碳水化合物水平和氮水平的影响，此外高硫日粮会导致硫胺素缺乏，并且发生脑脊髓灰质软化症（PEM），即大脑皮质层软化或者坏死。采食谷物型饲粮的育肥牛和羊有可能会发生 PEM。

（6）维生素 A 缺乏是肉牛生产中需要关注的问题，尤其是干旱季节或者冬末夏初时节，很有可能出现妊娠后期流产、胎衣不下或者死胎等问题。维生素 A 缺乏也会引起视力问题。育肥牛维生素 A 需要量为每千克日粮干物质 2 200 国际单位，妊娠期青年牛和成年母牛为 2 800 国际单位，泌乳牛和配种公牛为 3 900 国际单位。

（7）维生素 D 的需要量很难确定。如果户外饲养的肉牛在有规律地接受光照时，日粮中不需要添加维生素 D。当在户外无法接受光照时则需要补充维生素 D。肉牛的维生素 D 推荐量为 275 国际单位/千克（以干物质采食量计），育肥牛建议 329 国际单位/千克（以干物质采食量计）或者 5.7 国际单位/千克（以体重计），围栏育肥牛的添加量一般为 25.7 国际单位/千克（以干物质采食量计）；维持和妊娠早期的母羊维生素 D 推荐量也是 5.7 国际单位/千克（以体重计），妊娠后期和哺乳期母羊维生素 D 的推荐水平为 101 国际单位/千克（以体重计）；奶牛的维生素 D 推荐量为 30 国际单位/千克（以体重计）。

（8）对于应激期肉牛，维生素 E 每天的推荐量为 400～500 国际单位，或者 1.6～2.0 国际单位/千克（以体重计）。另外，维生素 E 的添加对牛肉的货架期有影响。

30. 牛瘤胃微生物需要哪些生存条件？

瘤胃微生物主要分为三大类：细菌、原虫和厌氧真菌。瘤胃是一个不断有食物和唾液流入以及发酵产物流出、瘤胃微生物能长期适应和生长的生态体系。

瘤胃微生物的生存条件：

（1）高度厌氧。瘤胃中的气体主要是二氧化碳、甲烷以及少量其他气体，这些气体随嗳气排出体外。

（2）温度。一般瘤胃内温度为 38～41℃，平均 39℃。

（3）瘤胃 pH。对于主要饲喂粗饲料的牛而言，瘤胃 pH 为 5.8～6.8；但是对于以饲喂精饲料日粮为基础的牛而言，瘤胃 pH 会有一段时间低于上述范围，尤其是在瘤胃酸中毒的情况下。

（4）瘤胃渗透压。瘤胃渗透压通常维持在 280～300 毫渗透摩尔（mOsm），与血液渗透压值接近，但进食以后，渗透压会上升至 350 毫渗透摩尔。

（5）营养物质。相对稳定的日粮结构和饲料供给量以及清洁的饮水。

（6）瘤胃节律性运动。将微生物与食物搅拌混合，并将食糜排出。

31. 青贮剂的种类有哪些？

青贮剂大体可以分为四类：

（1）起直接酸化作用的酸制剂。

（2）防腐剂。

（3）饲料（糖蜜、非蛋白氮、谷物）。

（4）发酵辅助剂（酶、接种菌、抗氧化剂）。

以大北农绿抗素青贮发酵剂为例。

其产品功效如下：

（1）抑制青贮内多种杂菌生长繁殖，减少霉菌生长，降低毒素含量。

（2）快速发酵，减少青贮能量消耗与营养损失，提高青贮品质。

（3）有效改善饲草风味，改善适口性，提高采食量。

（4）降低粗纤维含量，提高饲草消化率，改善饲料营养。

（5）增加产奶量，提高日增重，提升乳脂率。

其使用方法如下：

（1）每 1 000 克大北农绿抗素可调制全株玉米青贮 60 吨，半干青贮 40 吨。

（2）制作青贮饲料时，先将大北农绿抗素按照用量一次或分次加水混合均匀，制成菌液。调制青贮饲料的最佳水分含量为65%～70%。

（3）菌液应按照所需水分均匀喷洒在青贮饲料上。大型窖贮亦可每隔 30 厘米厚度，按用量洒一层菌液，再适当加水调整水分，不得出现干夹层。

（4）大型窖贮每加装 30 厘米厚度青贮饲料时，采用机械压实，小型窖贮可人工逐层压实。

32. 对于谷物，粉碎、蒸汽压片、水泡、煮制的加工方式，哪种饲喂效果最好？

谷物作为反刍动物日粮必需的能量来源，其消化程度影响反刍动物的瘤胃健康、养分消化和生产性能等。对谷物进行不同方式的加工处理，可以通过改变瘤胃内的淀粉降解程度和消化位点，促进谷物在反刍动物消化道的发酵最大化。不同的谷物加工方式，在肉牛养殖中会有不同的饲养效果和经济效益。

粉碎是谷物最常见的加工方式，适宜的粉碎粒度可以促进谷物的消化利用。谷物粉碎得越细，与瘤胃微生物接触的淀粉越多，越容易发酵和消化，但也更容易导致酸中毒。高精饲料日粮不建议粉碎过细，粉碎粒度太粗又容易消化不完全，导致过料。一般认为玉米的粉碎粒度在 1～2 毫米效果较好。

蒸汽压片是谷物常见的热处理方式，玉米清理后在水中浸泡12～18 小时，然后经过 100～110℃蒸汽加热 40～60 分钟，压扁后烘干。处理过程不仅会对玉米进行糊化，还能改变玉米的晶体结构，使玉米中的淀粉更好地被反刍动物利用。蒸汽压片玉米可以提高肉牛的平均日增重和饲料转化率，并在一定程度上提高牛肉的质量等级。

33. 羊饲料能不能喂牛？效果有没有差异？

应急使用或者短期（1 个月内）饲喂是可以的。不建议长期饲喂，因为牛对微量元素、矿物质的需求大于羊。

34. 是否可以以刚收获的青玉米秸秆作为主要粗饲料来源？

刚收获的玉米秸秆中水分含量大，容易导致牛吃得过饱但干物质采食量不足，导致营养缺乏，肉牛普遍出现"炸毛"现象。另外，青绿秸秆中由于水分含量大，肉牛过量采食容易造成粪便不成形和腹泻现象。奶牛过量采食会出现乳糖含量升高和乳脂、乳蛋白下降的问题。所以在实际饲养中，如果要饲喂刚收获的青玉米秸秆，则需要额外补充一部分干草，或者提高精饲料的营养浓度。

35. 维生素对牛肉品质有什么影响？

与饲粮中没有添加维生素 D 的处理相比较，在育肥牛屠宰前 7~10 天每天补充 5×10^6~7.5×10^6 国际单位的维生素 D，牛肉剪切力下降，感官嫩度评分等级提高。宰前每天添加 0.5×10^6 国际单位剂量的维生素 D，可以使牛肉的剪切力下降，嫩度提高，但降低了宰前最后几天的生产性能。在宰前日粮中单独添加高水平维生素 D 或者维生素 E，可以提高牛肉的嫩度，但两者联合应用却没有观察到这种效果。维生素 D 对牛肉嫩度的改善效果对于成年母牛来说似乎不明显。尽管超水平添加维生素 D 对牛肉肉质有改善效果，但也确实降低了肉牛采食量，影响其生产性能。提高维生素 E 的添加水平可以增加货架期牛肉颜色的稳定性。

36. 为什么预混料价格差异很大，但从标签上的成分含量看没有明显的差异？

预混料主要是由多种维生素和矿物质加载体组成，而维生素和矿物质（除盐和钙、磷等）大多属于微量营养素。微量营养素主要有参与机体代谢、免疫功能调节等作用，而不是直接参与机体的生长，所以更换预混料后，动物的生长性能马上得到改善是不可能的。另外，预混料的作用是一个长期过程，维生素和矿物质元素在体内积累发挥作用一般至少需要两三个月的时间，短期内是很难看到效果的。

一些功能性预混料会在维生素＋矿物质的基础上加入一些微生态制剂或离子平衡调节剂等，其功效还取决于这些添加剂的作用机制。

添加预混料是为了增强机体免疫力。当机体处于严重的应激状态时（如入栏期、出栏前、调群、称重、治疗、母牛产前产后等），预混料也要适当增加。例如，对于新入栏的牛，维生素 E 的摄入每提高 400 国际单位/（头·天），牛呼吸道疾病的发病率就降低 0.35%。额外补充铬、铜、锌、硒等对应激期牛的免疫功能和生产性能也存在有益影响。

对预混料的成分含量应有一定的认识。首先，预混料各种营养素添加范围是有国家标准控制的，不能超量。其次，微量元素含量也不是越高越好，如果超量，对机体也没有益处，还会造成浪费。最后，预混料标签上标注的含量一般是一个比较宽泛的范围，单纯比较标签上的成分含量没有意义。所以一般情况下按产品推荐比例添加即可，个别情况下如精饲料采食量不够、应激状态等，可以适当提高预混料配比。

预混料的差异不仅体现在标签标注的含量上，还包括原料品质的好坏、有毒有害物质的控制、专线生产（是否存在交叉污染风险）、混合均匀度、产品的稳定性和高效性等。此外，预混料的差异还包括产品附加值即服务，这种服务包括配方调整服务、现场管理服务等。

37. 青贮干物质含量达到什么水平采收合适？

如果收割机好，有压扁功能的滚筒设置，可以晚一些收割，此时青贮的干物质含量可以达到 30%～35%，玉米籽实在收割时就可以压碎，秸秆纤维也可以被一定程度地揉碎。如果收割机较差，没有上述功能，一般情况下，在玉米成熟到半蜡熟期时收割，此时干物质含量为 25% 左右。

38. 多少比例的非蛋白氮对动物机体有利？

其实不能说对动物机体有利，只能说适龄的反刍动物（3 月龄以下的羔羊和 6 月龄以下的犊牛不可以使用）可以利用部分非蛋白氮合成菌体蛋白。一般建议尿素添加量不超过日粮干物质的 1%。

39. 饮水是自由饮水好还是每天按时供水较好？

有条件建议自由饮水。如果冬季没有办法保证饮水，那么最好按顿喂温水，每天 3～4 次，既可以提高牛的饮水量，又可以起到保温作用。

40. TMR 的搅拌时间多久为宜？

全混合日粮（TMR）机的工作效率、刀片好坏，都会影响搅拌时间和效果。可以使用饲料分级筛进行连续 3 天的筛料来确定 TMR 的搅拌时间。在喂料线的前中后端，以及在两侧饲槽上分别取约 200 克 TMR，然后将前中后端样品混合均匀，取其中 500 克用宾州筛检测饲料颗粒长度分布。肉牛和奶牛的标准不同。育肥牛可以通过测粗饲料的筛上分布比例来确定该粗饲料的物理有效因子值（pef 值），从而估测育肥牛日粮中的物理有效中性洗涤纤维值（peNDF 值），建议育肥牛的 peNDF 占日粮干物质的 10%。物理有效 NDF 是指总 NDF 中不能通过孔径为 1.18 毫米筛或者更大孔径筛上的部分。奶牛推荐的 TMR 长度分布见表 1-5。

表 1-5　奶牛推荐 TMR 长度分布（毫米）

筛层	TMR 长度			
	泌乳牛		干奶牛	育成牛
	Hutjens 标准	Heinrichs 标准		
19 毫米	10～15	2～8	40～50	50～55
8 毫米	＞40	30～50	15～20	15～20
1.18 毫米	＜30	30～50	25～30	20～25
筛底	＜20	＜20	＜10	＜10

资料来源：Hutjens，2011；Kononoff 和 Heinrichs，2007。

物理有效 NDF 含量为日粮干物质的 22% 时，瘤胃 pH 能维持在 6。对于泌乳早期的奶牛，peNDF 为日粮干物质的 20％时，乳脂率可以维持在 3.4％。苜蓿的加工粒度在 3 毫米以上时能维持正常的咀嚼和 pH 及乳脂率，低于 3 毫米会降低乳脂率。低于 3 毫米时，饲粮中的 NDF 应该增加几个百分点。如果同时含有低于 3 毫米的粗饲料和快速发酵的淀粉（如大麦、高水分玉米），那么 NDF 含量应增加更多。高水分玉米的奶牛日粮中，日粮的 NDF 含量不能低于 27％，含有大麦的奶牛日粮中，日粮 NDF 含量不能低于 34％。但是如果含有蒸汽压片谷物时，NDF 含量应大于 25％，非纤维性碳水化合物含量应小于 44％。

生 产 管 理 篇

41. 我国肉牛主要有哪些品种？其性能特点是什么？

全世界约有 60 多个专门化的肉牛品种。中国有五大良种黄牛品种：秦川牛、南阳牛、鲁西牛、延边牛和晋南牛。近 30 年来，我国引进了世界上 10 多个优秀肉牛品种，包括西门塔尔牛、利木赞牛、安格斯牛、夏洛来牛、日本和牛、海福特牛、婆罗门牛、皮埃蒙特牛、比利时蓝牛、金色阿奎丹牛等。

（1）西门塔尔牛。是我国应用最广的肉牛品种之一（图 2-1）。原产地在瑞士，属于乳肉兼用型品种，被毛呈黄白花或淡红白花色，成年公牛体重可达 1 000 千克，成年母牛体重可达 750 千克。其特点是耐粗饲，早期生长速度快，产肉性能高，育肥期平均日增重 1.5 千克，12 月龄牛体重可达 500～550 千克。西门塔尔牛公牛育肥后屠宰率可达 65% 左右，胴体瘦肉率高，牛肉色泽鲜红、纹理细致、富有弹性、大理石纹分布适中。

（2）利木赞牛。原产地在法国。利木赞牛适应性强，尤其适于精养（图 2-2）。成年公牛体重 1 100 千克，母牛 750 千克，产犊间隔 376 天，顺产率 98% 以上。公犊初生重 35～40 千克，母犊 32～35 千克。澳大利亚阿德雷德大学测定发现，利木赞牛含有一种名为 $F94L$ 的肌肉快长基因，使其长肉速度快于其他牛种。

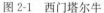
图 2-1　西门塔尔牛　　　　　　图 2-2　利木赞牛

（3）安格斯牛。原产于英国的阿伯丁、安格斯和金卡丁郡，并因此而得名。安格斯牛被毛有黑色和红色两种，普遍认为黑安格斯牛生产性能优秀（图 2-3）。安格斯牛尤其适于精养（集约化饲养），体内沉积大理石纹的能力强，肉质细嫩，风味独特，是牛肉中的佳品。安格斯牛在美国、加拿大和澳大利亚是主流牛种之一。成年公牛体重 900～1 000 千克，母牛 500～600 千克，产犊间隔 360 天，顺产率 98％以上。公犊初生重 25～32 千克，母犊初生重 23～28 千克。安格斯牛早熟易配，12 月龄性成熟，但常在 18～20 月龄初配，在美国已经育成的较大体型安格斯牛可在 13～14 月龄初配。安格斯牛连产性好，极少发生难产。安格斯牛适应性强，生长发育速度快，易育肥。

图 2-3　安格斯牛

（4）夏洛来牛。原产于法国中西部到东南部的夏洛来省和涅夫勒大区，是举世闻名的大体型专门化肉牛品种。夏洛来牛被毛为白色或乳白色，皮肤常有色斑，全身肌肉特别发达，骨骼结实，四肢强壮（图 2-4）。夏洛来牛成年公牛活重 1 100～1 200 千克，母牛 700～800 千克。我国 1964—1990 年，先后多次从法国、加拿大和美国等国家引进夏洛来种牛、胚胎和冻精。夏洛来纯种牛和杂交牛主要分布在我国东北、西北和南方各省区。

图 2-4　夏洛来牛

（5）日本和牛。是指将日本固有品种的牛与外来品种交配，几经改良而形成的 4 个肉牛品种——黑毛和牛、褐毛和牛、日本短角牛、无角和牛。其中黑毛和牛大约占 95%，因此一般说和牛就是指黑毛和牛（图 2-5）。成年母牛体重约 620 千克，公牛约 950 千克，犊牛经过 27 月龄育肥，体重达到 700 千克以上。日本和牛牛肉大理石花纹明显，又称为"雪花肉"，多汁细嫩、风味独特。

（6）秦川牛。因产于号称"八百里秦川"的陕西省关中平原而得名，为大型役肉兼用牛（图 2-6）。公牛平均体高 142 厘米，体重 600 千克；母牛平均体高 125 厘米，体重 380 千克。成熟早，性成熟年龄 10 月龄，适配年龄 2 岁。其肉含多种氨基酸，脂肪含

图 2-5　日本和牛

量低；耐粗饲，既可放牧，又可舍饲；不能很好地适应热带和亚热带地区以及山区条件，在平原和丘陵地区的自然环境和气候条件下均能正常发育。

图 2-6　秦川牛

（7）南阳牛。产于河南省南阳地区的唐河、白河流域，是我国著名的役肉兼用型品种（图2-7）。南阳牛体型高大，骨骼粗壮而结实，肩峰发达，背腰宽广，发育匀称，肢势正直，蹄形圆大，行动敏捷。公牛头部方正，颈短厚稍呈弓形，颈侧多有皱褶，肩峰隆起8～9厘米，前躯发达。母牛头部清秀，颈薄，呈水平状，肩峰不明显，后躯发育良好，但深宽不够，尻斜，乳房发育较差。南阳牛毛色为黄、米黄、草白色三种；鼻镜多为肉色和淡红色，多数带有黑点；面部、腹部和四肢毛色较浅；蹄壳有蜡黄色、琥珀色、黑色和褐色 4 种。成年公牛体重 500～550 千克，成年母牛 400～450 千克。

图 2-7　南阳牛

（8）鲁西牛。主要产于山东省西南部的菏泽和济宁两地区，北自黄河，南至黄河故道，东至运河两岸的三角地带。鲁西牛体躯结构匀称，细致紧凑，为役肉兼用牛（图 2-8）。公牛体高 146厘米，体长 161 厘米，胸围 206 厘米，体重 685 千克，最大体重约 1 040 千克。性情温顺，体壮抗病，便于饲养管理。母牛性成熟早，有的 8 月龄即能受胎。一般 10～12 月龄开始发情，发情周期平均 22 天（16～35 天）；发情持续期 2～3 天；妊娠期平均 285 天（270～310 天）。

（9）延边牛。产于东北三省东部的狭长地带。延边牛属寒温带山区的役肉兼用品种，适应性强（图 2-9）。其胸部深宽，骨骼坚实，被毛长而密，皮厚而有弹力。母牛初情期为 8～9 月龄，性成熟期平均为 13 月龄；公牛平均为 14 月龄。母牛发情周期平均为 20.5 天，发情持续期 12～36 小时，平均 20 小时。公牛终年发情，

图 2-8　鲁西牛

7—8 月为旺季；常规初配时间为 20～24 月龄。

图 2-9　延边牛

（10）晋南牛。晋南牛产于山西省西南部汾河下游的晋南盆地。晋南牛是一个古老的役用牛地方良种，具有役用牛体型外貌特征（图 2-10）。晋南牛成年公牛体重 607 千克，成年母牛 339 千克。晋南牛具有良好的役用性能，挽力大，速度快，持久力强；在生长发育晚期进行育肥时，饲料利用率和屠宰成绩较好，是有希望向肉役兼用方向选育的地方品种之一。

图 2-10　晋南牛

42. 如何选择架子牛进行育肥？

挑选架子牛要从品种、月龄和体重、体型外貌、牛源地、健康状况和运输距离等方面综合考虑。

（1）品种。要选购西门塔尔牛、夏洛来牛、安格斯牛、利木赞牛、海福特牛等国外优良品种与本地牛杂交的后代，或选购荷斯坦公牛与本地牛杂交的后代。选购这些优良品种的杂交后代牛，其活力旺盛，抵抗力强、适应性好、生长速度快、产肉量高、肉质好、饲料转化率高。

（2）月龄和体重。选择月龄和体重要综合成本、育肥周期和盈利空间等综合考虑。

（3）体型外貌。要选择体型大、胸宽深、背腰平直而宽广、腹部圆大、四肢及胴体稍长、皮肤松弛柔软、被毛柔软密实、嘴阔、唇厚、上下颌整齐、鼻梁正、鼻孔大、眼大有神的架子牛。

（4）牛源地。要避开疫病区。

（5）健康状况。观察牛的眼神、精神状态、鼻唇镜、皮毛、有无疾病外伤等，健康的架子牛双眼有神，呼吸有力，尾巴灵活，没有外伤。

（6）运输距离。运输时间尽量不超过 1 天。

43. 育肥牛进圈应激过渡如何处理？

育肥牛进圈的应激处理可以参照大北农应激过渡期的营养保健方案进行（表 2-1 至表 2-3）。

表 2-1　体重 200 千克以下育肥牛过渡饲喂方案

时间	干草	犊牛料	健康伴侣	饮水
1 天	自由采食	—	0.5 千克	控制饮水量
2～3 天	自由采食	0.5 千克	1 千克	自由饮水
4～9 天	1 千克	1 千克	1 千克	自由饮水
10～15 天	1 千克	1 千克	1.5 千克	自由饮水
16～21 天	1 千克	1.5 千克	1.5 千克	自由饮水
22～27 天	1.5 千克	1.5 千克	1.5 千克	自由饮水
28～35 天	2 千克	1.5 千克	1.5 千克	自由饮水

注：每头牛饲喂 2 袋犊牛料、2 袋健康伴侣之后过渡到育肥料；"—"表示不饲喂，下同。

表 2-2　体重 200 千克以上育肥牛过渡饲喂方案

时间	干草	青贮	犊牛料	健康伴侣	育肥精补料	饮水
1 天	自由采食	—	—	0.5 千克	—	控制饮水量
2～3 天	自由采食	—	1 千克	1 千克	—	自由饮水
4～9 天	1.5 千克	—	1.5 千克	1.5 千克	—	自由饮水
10～15 天	1.5 千克	—	1.5 千克	2 千克	—	自由饮水
16～21 天	1.5 千克	1.5 千克	1.5 千克	2 千克	0.5 千克	自由饮水
22～27 天	1.5 千克	2 千克	1.5 千克	2 千克	1 千克	自由饮水
28～35 天	2 千克	2 千克	—	2 千克	2 千克	自由饮水

注：每头牛饲喂 2 袋健康伴侣、1 袋犊牛料之后过渡到育肥料。

表 2-3　大北农育肥牛防疫保健方案（消毒、驱虫、免疫、保健）

阶段	程序	药品	用法用量	备注
当天	应激针	中药/西药配伍	肌内注射	
	能量补充	葡萄糖粉	5%溶液，饮水	
	新陈代谢调节	速补康	25头/（袋·天），饮水	
	消化系统调节	绿抗素/肠力健	50头/（袋·天），饮水	
	免疫系统调节	中成药粉	根据说明书	
	应激综合征过渡	健康伴侣	2千克/（头·天）	疫苗免疫根据当地发病情况进行选择，未发生过疫情的不需要免疫，或者听从当地防疫站的安排
第2天	口蹄疫疫苗	—	肌内注射	
	传染性鼻气管炎疫苗	—	肌内注射	
第15天	第1次驱虫	帝乐芬	拌料	
第30天	口蹄疫疫苗	—	肌内注射	
	传染性鼻气管炎疫苗	—	肌内注射	
第40天	牛结节性皮肤病疫苗	—	根据说明书	
第50天	炭疽灭活菌疫苗	—	肌内注射	
第7个月	口蹄疫疫苗	—	肌内注射	
第7个月	第2次驱虫	帝乐芬	拌料	
400～600千克	消化系统调节	绿抗素/肠力健	50头/（袋·天），饮水	
全程	缓解瘤胃酸中毒	小苏打	50～150克/（头·天）	
全程	健胃	中药散剂	阶段性拌料	

44. 育肥牛栏舍大栏设计好还是小栏设计好？

建议散栏饲喂的小栏设计较好，一般每栏最多 25～30 头牛，注意栏舍结实程度，避免混群。

45. 怎样选择育肥牛适宜的出栏时机？

出栏时机的选择与经营模式有关。首先，要看饲料转化率。

育肥到一定程度不及时出栏，饲料转化率就会受到影响，所以饲料转化率决定什么时候出栏。其次，要看干物质采食量。每个月干物质采食量应该提高 1 千克，小于 1 千克就该考虑出栏（月初饲喂量与月末饲喂量相比较）。一般饲料干物质采食量低于 1.9%（干物质采食量占体重的百分比）就该考虑出栏，因为此时饲料主要是用于满足维持需要。体重 600 千克以上饲料干物质采食量基本达到 1.9%～2%（干物质采食量占体重的百分比），每日支出比收入高，每多养一天都是浪费成本。

增加干物质采食量和提高饲料转化率的措施：健康伴侣加奶黄金。

健康伴侣在育肥后期的作用：缓解瘤胃酸中毒；增加干物质采食量；提高日增重。饲喂方法为育肥牛体重 600 千克之后，每天饲喂 2 千克。

奶黄金在育肥后期的作用：改善肉质；改善牛臀型；满足能量需要；提高日增重。饲喂方法为育肥出栏前 60 天，每天饲喂 0.5 千克。

育肥后期健康伴侣加奶黄金的效果：增加采食量 5%～10%；增加日增重 10%～20%；提高饲料转化率 15%～40%；有效缓解育肥后期肢蹄病。

46. 牛的配种方式有哪些？

母牛的配种方式一般有三种：

（1）自然交配。自然交配的受精率比较高，让母牛和公牛自主交配即可，不需要为母牛进行发情鉴定，但这种方式无法做好生殖道疾病的预防工作，也无法确定产犊日期。

（2）人工辅助交配。主要是指在公母牛体型差距过大，公牛无法正常与母牛配种时，需要人工辅助公母牛进行配种。

（3）人工授精。首先要采集公牛的精液。将精液经过仔细检查、冷冻再解冻后输入已经发情的母牛生殖道中。在对精液进行检查以及冷冻时要尽量快速操作，时间控制在 10 秒左右。要及时盖好容器，避免液氮蒸发或者有其他物质进入容器而降低精液质量。然后要在容器的周围套保护套，取放时要注意，保证平稳不震动，不可使容器受到暴晒；如果需要运输，要定时补充液氮，避免容器损坏，导致精液质量下降。

47. 种公牛配种前加强营养和锻炼，为什么精液质量还是不达标？

有研究发现，当营养物质采食量严重不足，就会永久性地损害精子的形成。营养严重缺乏会造成公牛性欲减退、睾丸激素分泌抑制以及附性腺的生长和分泌活性受阻。尤其是能量、蛋白质和水的摄入量不足，能够造成精子生成下降或停止，同时伴随睾丸和附性腺体积的减小。青年公牛对营养缺乏的不良反应更明显。

环境温度和湿度的升高等热应激都会造成精子数量和睾酮浓度降低。在睾丸中处于早期发育的精细胞对热应激的负面影响最敏感。在公牛生殖道中，精细胞的发育和成熟大约需要 61 天，所以需要在配种前至少 60 天就加强种公牛的保健护理。

48. 母牛分娩前有哪些征兆？

母牛到产房后按干乳后期的方法饲养，并安排专人昼夜值班。当母牛表现精神不安、停止采食、起卧不定、后躯摆动、频频排尿、回头鸣叫，并且乳房甚至乳头也发生肿胀，可从乳头挤出少量清亮胶样液体，用手指按摩乳房，出现的指印在一段时间内不能复原时，母牛将于 12 小时之内分娩。应立即用 0.1% 高锰酸钾溶液清洗外阴部和臀部附近。接近临产时，母牛阴户肿大松弛，尾根两侧和耻骨间有松弛下降现象，最初下降处可容一指，逐渐增大到可容四五指或一拳时，即将分娩。此时环境必须保持安静，尽量让其自然分娩。母牛分娩时宜采取左侧躺卧体位，以免瘤胃压迫胎儿，发生难产。通常从分娩阵痛开始到分娩结束需要 1～4 小时，一般犊牛胎胞（胎儿的胞衣）在母牛的阴门露出 20～30 分钟后即可顺利产出。如果出现产程异常或难产先兆，应及时进行助产。

49. 母牛分娩有哪些主要过程？

母牛分娩过程按阵缩、努责、母牛生殖道内的变化以及胎儿与胎膜的排出情况，分为三个阶段，即开口期、产出期和胎衣排出期。前两期无明显界限。

（1）开口期。从阵缩开始至子宫颈充分开大为止，持续时间平均为 6 小时。

（2）产出期。从胎儿前置部分进入产道至胎儿产出为止，持续时间一般为 3～4 小时。

（3）胎衣排出期。胎衣是胎儿附属膜的总称。该期是从胎儿产出后至胎衣完全排出为止。胎儿排出后，母牛安静片刻，然后子宫又继续快速收缩，配合轻微努责使胎衣排出。

50. 怎样处理新生犊牛的胎膜？

仔畜产出后，母畜即安静下来，努责停止或很轻微，经数分钟后，子宫又出现稍明显的阵缩以排出子宫内的胎膜。母牛胎盘属于上皮绒毛膜与结缔组织绒毛膜胎盘，结构比较紧密，不易脱落。母牛在产后经 4～10 小时胎膜脱落，超过胎膜的正常排出时间即属于胎衣不下，需要进行医治。胎膜脱落后，应检查其是否完整，以便确定是否有部分胎膜未排出或子宫内是否有病理变化。检查后的胎膜应予以掩埋，不得让母牛吞食。胎膜排出后，在子宫内塞入长效土霉素预防子宫炎。

51. 荷斯坦奶牛和乳肉兼用牛体况过肥会影响产奶量吗？乳肉兼用牛体况过肥的标准大概是多少？

母牛体况处于极端状况（如过肥或者过瘦）时均会面临代谢负担增加、产前产后营养代谢病发病率高（产前产后瘫痪、酮病、胎衣不下、难产等）、产奶量下降、配种难等问题。

（1）体况过肥不仅会导致饲养成本增加，还会导致难产和产后采食量降低的情况发生，必然也会使产奶量下降。母牛如果不是过肥，并且没有发生代谢疾病和采食量下降的问题，那么产后的产奶量受到的影响较小。

（2）产犊时体况太瘦会导致没有足够的能量贮备来获得最高的产奶量，也会造成产后发情间隔延长，从而使下次配种延迟；同时会导致母牛产下发育迟缓的犊牛，犊牛后期的生长和健康都会受到影响。因此，产犊时机体的能量贮备，以及从产犊到再次配种期间的能量平衡，是影响排卵和产后发情的主要因素。

（3）为了获得母牛最佳的产后发情间隔期、首次配种受孕率、配种全期妊娠率，以及犊牛断奶前的生产性能，母牛在产犊时要体况中等，并且要保持这种体况直到配种。初产母牛受体况的影响会高于经产母牛。体况评分标准有两种，一种是5分制（奶牛一般用5分制），一种是9分制。一般情况下，建议产犊时的体况评分为5分（9分制系统），并且把该体况尽量维持到再次配种时。生产中4～6分的母牛问题相对比较少。

（4）体况4分的牛（微瘦），最后两根肋骨（第12和13肋骨）易见；看不见背部脊柱的棘突和肋骨边缘；腰部和臀部明显有少量脂肪覆盖。5分牛（中等），最后两根肋骨在饥饿时才能看到；背部脊柱的棘突和沿着肋骨边缘在腰角和最后一根肋骨之间的脊椎横突光滑并且看不到，用力压可以触摸到；腰部和臀部覆盖有一层脂肪，但仍可以辨认；尾根两侧光滑，并无隆起。6 分牛（微胖），胸部脂肪沉积明显；青年母牛的肋骨被脂肪充分覆盖，不易观察；月龄大的母牛平而宽的肋骨可以被观察到；背部脊柱的棘突和在腰角与最后一根肋骨之间的脊椎横突镶嵌在肌肉和脂肪组织中，用力压才可以感受到；腰部圆润，臀部尾根两侧有明显的松软状。7 分牛（丰满），胸部充实并不膨胀；不见肋骨和棘突；背部呈方形外观；尾根两侧有块状脂肪形成。8 分牛（肥胖），颈粗短，胸部充满脂肪而膨胀；肩背腰臀看不到骨骼结构；背部呈方形和块状外观，背部两侧平滑；肩部、背部、肋骨都覆盖有脂肪，视觉和触觉都柔软；尾根两侧包裹在块状脂肪中，乳房内有明显的脂肪沉积；由于过于肥胖，运动减少。9 分牛（过于肥胖），生产中很少见。为了减少生产中的损失，生产中可以将 7 分及以上的牛定义为过肥牛。

52. 母牛不注重产前营养，因担心犊牛过大而产前减料或者不喂料，导致犊牛出生后体弱，母牛产后体况消瘦，怎么办？

（1）犊牛初生重最主要的影响因素是公牛和母牛的品种或基因型。普通肉牛间杂交，杂种优势会使犊牛初生重提高 6%～7%；当普通肉牛公牛与瘤牛母牛杂交时，犊牛初生重会降低；当瘤牛公牛与普通肉用母牛杂交时，犊牛初生重会增加 20%～25%。

（2）营养也是影响初生重的因素。当母牛产前饲料中能量和蛋白质供应不足时，会导致犊牛初生重下降，也会导致犊牛的存活率降低。同时，妊娠后期采食量不足会引起母牛分娩无力、难产率增加、产奶量和后代生长速度降低、复配性能下降。

（3）妊娠后期营养不足也会影响后代健康。犊牛免疫球蛋白被动转运能力低，会增加犊牛腹泻和呼吸道疾病风险，并且犊牛死亡率较高。免疫球蛋白的被动转运主要取决于所提供的初乳的质量和数量，以及犊牛的吸收能力。犊牛的吸收能力也受到母牛妊娠后期营养水平的影响。母牛妊娠最后 100 天的蛋白质水平与犊牛出生后血清中的免疫球蛋白浓度呈线性相关。如果母牛营养受限，那么初乳中的重要营养成分也会缺乏，而且犊牛的发育（如胎儿空肠的增殖和整个肠道血管的分布）也会受到影响，这无疑会影响犊牛正常吸收免疫球蛋白的能力。另外，当母牛营养缺乏时，营养会按照满足胎儿短期生存的优先层次进行营养分配。大脑是优先分配的顶端，会获得最多的营养，而肾脏和肺等器官获得的营养会少。所以，当母牛产前营养不足时，会损害胎儿的肾脏和肺等器官的发育。

满足母牛的营养需要是改变母牛繁殖和健康状况的重要因素，也是确保牛群正常犊牛数量的主要因素之一。大北农母子料套餐程序充分考虑了母牛和犊牛各阶段的营养，产前 3 千克妊娠母牛料＋产后 4 千克哺乳期母牛料，搭配大北农研发的繁殖母牛保健程序，既可以满足母牛的营养需要，让母牛产犊时保持合适的体况，又可以为犊牛的发育提供充分的营养。

53. 繁殖母牛保健程序如何？

繁殖母牛的保健程序见表 2-4。

表 2-4　大北农繁殖母牛保健程序

操作时间	保健项目	使用方式	作用
产前 60 天	维生素 ADE 注射液	10 毫升	促进胎儿发育，预防难产
产前 20 天	维生素 ADE 注射液	10 毫升	预防难产、产后瘫痪、胎衣不下
产后连用 3 天	氟尼辛葡甲胺、青霉素	混合肌内注射	止痛，预防产后继发感染
产后 4 小时	缩宫素/比赛可灵	肌内注射	促进胎衣排除，促使子宫复位

（续）

操作时间	保健项目	使用方式	作用
产后 12 小时内	泡腾片	3 块	预防产后子宫炎症
产后连用 7 天	益母生化散	拌料	补中益气
春秋季节性口蹄疫	商品口蹄疫二价疫苗	肌内注射	口蹄疫防疫
春秋季节性驱虫	新帝诺玢	拌料/皮下注射/透皮	日常保健
围产 80 模式	产前康/月子料	产前康：3 千克/天 月子料：4 千克/天	通过调节体况达到预防疾病的目的

54. 母牛产后发情较晚，品种越好问题越严重，是什么原因造成的？怎么解决？

原因：过肥或者过瘦都会引起母牛不发情，子宫有炎症和卵巢疾病也会导致配种难。

肉牛场母牛过肥一般有几种情况：第一是比较厉害的牛抢食，或者母牛本身产奶能力比较低；第二是一些肉牛场把玉米当作母牛料进行饲喂，导致母牛看起来膘情好，但是不发情；第三是母牛长期没配种，但是依然和其他产奶牛群一起饲养，导致营养过剩，这种现象在奶牛场比较常见。

有些肉牛场配种难是因为母牛体况过瘦。体况过瘦往往从产前开始。养殖者为了防止犊牛体重过大或者为了节省饲养成本，在母牛产前限制饲喂，导致产前膘情不好。产后马上进入产奶阶段，母牛要哺乳犊牛，使母牛的膘情很难恢复，基本都会下降，能保持产犊时的体况很难。

解决方法：产犊时的膘情保持在中等体况，并且维持这种体况直到配种。产后马上给母牛补充优质牧草，如果牧草品质较差，母牛的采食量很难恢复，母牛会快速掉膘，免疫力也会快速下降。

如果牧草的品质较差，可以在产后 3 天内，除自由采食粗饲料以外，额外给母牛每天补充 2 千克的健康伴侣。从第 4 天开始增加母牛精饲料补充料，每天增加 0.5 千克，同时减少 0.5 千克健康伴侣，到第 7 天健康伴侣全部换完，然后继续每天增加 0.5 千克母牛料，直到每天饲喂母牛料 4 千克。

越是品种好的牛对营养和饲养管理要求越高。如果用饲喂黄牛的方式饲养西门塔尔牛会很容易出现营养不平衡。首先，本地黄牛的体型要小于西门塔尔牛，所以维持需要量就会有所区别。另外，西门塔尔牛属于乳肉兼用牛，其产奶量要高于本地黄牛，对能量、蛋白质以及维生素和矿物质的需求都要高于本地黄牛，以饲养本地黄牛的方式饲养西门塔尔牛会导致后者营养严重缺乏。所以，母牛均衡的营养很重要，除蛋白质和能量外，维生素和矿物质的补充也很重要。大北农母子料套餐程序充分考虑了母牛和犊牛各阶段的营养，产前 3 千克妊娠母牛料＋产后 4 千克哺乳期母牛料，搭配大北农研发的繁殖母牛保健程序（表 2-4）。既可以满足母牛的营养需要，让母牛产犊时保持合适的体况，又可以为犊牛的发育提供充分的营养。

另外，犊牛出生后给母牛子宫内塞入长效土霉素，也可以预防子宫炎的发生，补充麸皮盐钙汤 10～15 千克（水温 36～38℃，麦麸 1 千克，食盐 100 克，碳酸钙 100 克，益母膏 250 克，红糖 1 千克），有助于母牛恢复体能和胎衣排出。

55. 新生犊牛怎样护理？

（1）清除黏液。

①犊牛自母体产出后应立即清除其口腔及鼻孔内的黏液。

②犊牛产出时已将黏液吸入而造成呼吸困难的，可两人合作，握住两后肢，倒提犊牛，拍打其背部，使黏液排出。

③无呼吸，尚有心跳，清除犊牛口腔及鼻孔黏液后将其在地面摆成仰卧姿势，头侧转，按每 6～8 秒按压与放松犊牛胸部 1 次

的方式进行人工呼吸，直至犊牛能自主呼吸为止；或用粗麻袋布刺激犊牛前额，刺激脑部神经，诱导呼吸。

（2）断脐带。

①在清除犊牛口腔及鼻孔黏液后，如其脐带尚未自然扯断，应进行人工断脐。

②在距犊牛腹部 5～8 厘米处，两手卡紧脐带，反复揉搓 2～3 次，在揉搓处的远端用消毒过的剪刀将脐带剪断，然后用 5% 碘酒浸泡断端 30 秒。

（3）擦干被毛。

①断脐后，应尽快擦干犊牛身上的被毛，以免犊牛受凉，尤其在环境温度较低时更应如此。

②也可让母牛舔干犊牛身上的被毛，优点是可刺激犊牛的呼吸，加强血液循环，促进母牛子宫收缩，及早排出胎衣；缺点是会造成母牛恋仔，导致挤奶困难。

（4）饲喂初乳。

①犊牛应在出生后 1 小时内吃到初乳，而且越早越好。用奶瓶饲喂 2～2.5 升高质量初乳，出生后 6～12 小时内再次饲喂 2 升，出生当天保证饲喂 4 升初乳；或者用灌服器饲喂 4 升高质量初乳，出生后 6～8 小时内再次饲喂 2 升。

②饲喂初乳每天 2～3 次，如前初乳温度太低应用水浴升温到 39℃ 再喂。喂后 1～2 小时饮温开水 1 次。一般初乳日饲喂量为犊牛体重的 8%。

③喂奶速度要慢，每次喂奶时间应在 1 分钟以上，喂奶过快容易造成部分乳汁流入瘤胃和网胃，导致犊牛消化不良。

④以上是奶牛场犊牛初乳饲喂方法，肉牛场犊牛前 3 天随母哺乳，之后母子分离定时哺乳。

（5）去角。牛去角后易于管理。在条件许可的情况下应对出生后 7～10 天的犊牛进行去角，这时去角犊牛不易发生休克，食欲和生长也很少受到影响。

新生犊牛处理流程参考表 2-5。

表 2-5　新生犊牛处理流程

操作顺序	操作项目
1	用干净的毛巾擦净口鼻中的黏液
2	距离腹部 5～8 厘米处断开脐带，用 5％碘酒浸泡脐带 30 秒
3	剥去蹄上附着的软组织
4	擦干身上的被毛
5	在产后 1 小时内保证喂 2～2.5 升初乳
6	转入温暖的环境，做好保温工作
7	喂初乳后 1～2 小时排出胎粪，排不出时要灌肠或人工按摩后海穴
8	做好称重，填写犊牛出生记录
9	分娩前后做好环境与接产的消毒工作
10	产后 1 周进行犊牛去角工作

56. 新生犊牛不吃犊牛料怎么办？

（1）每天早晨直接给犊牛嘴里放一把精饲料（10～20 克，早晨犊牛有饥饿感，是容易训练其采食精饲料的第一时刻）。

（2）每次喂完牛奶后马上抓一把精饲料放到犊牛嘴里或让犊牛直接在手中舔食（训练犊牛采食精饲料的第二时刻），也可减少犊牛互相吮吸脐带或嘴的不良习惯。

（3）直接将精饲料放在犊牛嘴里或从手中舔食一段时间后，工作人员把手中的精饲料放在料桶中直接让犊牛舔食，待犊牛采食顺利后观察记录其采食量即可。

57. 肉牛犊牛什么时候断奶好？

建议 4 月龄左右断奶，表 2-6 和表 2-7 分别为母子分离和随母哺乳两种饲养方式的饲喂流程。

表 2-6 肉牛犊牛母子分离推荐饲喂流程

出生后时间	饲喂次数	喂奶量（千克/天）	犊牛料（克/天）	饮水（千克/天）
1 天	—	4	—	—
2～6 天	—	4	训练采食	1.5
7 天	—	6	150	1.5
第 2 周	3	6	350	2.5
第 3 周	3	8	500	3.5
第 4 周	3	8	550	3.5
第 5 周	3	10	600	自由饮水
第 6 周	3	10	650	自由饮水
第 7 周	2	6	700	自由饮水
第 8 周	2	4	750	自由饮水
第 9 周	2	4	900	自由饮水
第 10 周	2	4	1 000	自由饮水
第 11 周	2	4	1 100	自由饮水
第 12 周	1	2	1 300	自由饮水
第 13 周	1	2	1 500	自由饮水
第 14～16 周		断奶		自由饮水

表 2-7 肉牛犊牛随母哺乳推荐饲喂流程

0～3 日龄（初乳期）	4～59 日龄	60～89 日龄	90～120 日龄（断奶）
随母自由哺乳	随母自由哺乳，同时观察母牛奶水情况和犊牛哺乳量)	母子分离饲养，母子合群哺乳 2 次，同时强化教槽质量	母子分离饲养，母子合群哺乳 1 次，同时强化教槽质量
	高质量犊牛料自由采食（少喂勤添）		
	清洁饮水充足（冬季水温 15℃以上）		

58. 牛肉质量与分级标准如何？

牛肉分级是指在进行牛屠宰加工过程中，将符合卫生安全规定的牛肉，按照一定的质量标准，分成不同的质量等级，然后根据质量等级来确定牛肉收购和销售价格的一种制度措施。分级的牛肉比不分级的牛肉价格要高很多。

美国、澳大利亚、加拿大、日本和欧洲等国家和地区都有比较成熟的牛肉分级体系，对牛肉的分级标准略有差异。我国现行的牛肉分级标准为《牛肉等级规格》（NY/T 676—2010）。该标准规定牛肉品质等级主要由大理石纹等级和生理成熟度两项指标来评定，分为特级（S级）、优级（A级）、良好级（B级）和普通级（F级），同时结合肌肉色和脂肪色对等级进行适当调整。

59. 新手养羊怎么选择品种？

根据资金投入和圈舍条件以及人员管理水平选择饲养繁殖母羊或者育肥羊。建议中小规模养殖场或养殖户饲养繁殖母羊，可选择小尾寒羊、湖羊或者杜寒羊、澳寒羊、杜湖羊、澳湖改良母羊；种公羊可选择杜泊羊、澳洲白羊、萨福克羊或者夏洛来羊。自然本交情况下 30～40 只母羊搭配 1 只种公羊。

注意：舍饲圈养一定要选择多胎母羊；北方冬季寒冷，种公羊慎选细毛羊，该品种羔羊抗寒力差。养育肥羊尽量选择改良杂交羊，发挥杂交优势如抵抗力强、长势快、出肉率高。

60. 育肥羊进圈应激过渡如何处理？

育肥羊进圈的应激处理可以参照大北农应激过渡期的营养保健方案进行（表 2-8 至表 2-10）。

表 2-8　绵羊过渡期饲喂方案

体重（千克）	羔羊料 981（克/天）	健康伴侣（克/天）	饮水	干草
10～12.5	25	25	自由饮水	自由采食
12.5～15	50	50	自由饮水	自由采食
15～17.5	75	75	自由饮水	自由采食
17.5～20	100	100	自由饮水	自由采食

注：饲喂量为基础量，根据羊群情况每隔 3 天增加 25 克。

表 2-9　山羊过渡期饲喂方案

体重（千克）	羔羊料 981（克/天）	健康伴侣（克/天）	饮水	干草
10～12.5	25	25	自由饮水	自由采食
12.5～15	40	25	自由饮水	自由采食
15～17.5	50	50	自由饮水	自由采食
17.5～20	75	75	自由饮水	自由采食

注：饲喂量为基础量，根据羊群情况每隔 3 天增加 25 克。

表 2-10　育肥羊进场过渡程序

时间	程序	药品	用法用量
进圈 3 天前	场地消毒	将杂物及粪便（粪便更重要）彻底清理干净，不留死角。用 3%～4% 的氢氧化钠溶液喷雾消毒羊圈、食水槽、门窗，无死角（注意人员防护，建议消毒后食水槽用水再次清洗干净）	
入栏当天	羊体消毒	无毒害消毒液（金卫康）	喷雾 2～3 天，统一羊气味
	落地抗应激	中药/西药配伍	肌内注射/饮水
	能量补充	葡萄糖粉	饮水
	新陈代谢调节	电解多维（赛补康）	饮水
	消化系统调节	益生菌类（肠力健）/中药（促胃散）	拌料

（续）

时间	程序	药品	用法用量
入栏当天	免疫系统调节	中药：参芪类（益速健）/麻杏石甘散（舒瑞爽）/板青颗粒	根据药物说明
	饮水	卸车2～3小时后饮水（半饱）	
	饲喂	不饲喂精饲料，饲喂优质长干草2～3天	
第2天	应激综合征过渡	应激宝/健康伴侣	与羔羊料1∶1饲喂
第7天	小反刍兽疫疫苗	—	肌内注射
第15天	羊痘疫苗	—	尾部皮内注射
第21天	三联四防疫苗	—	肌内或皮下注射
第28天	口蹄疫疫苗	—	肌内注射
第35天	剪毛＋驱虫	帝乐芬	拌料
3个月	驱虫	帝乐芬	拌料
日常消毒		用消毒液（金卫康）进行消毒，封闭圈舍内部每周1次消毒，开放运动场每半月1次消毒，包括料槽和水槽。若有腹泻羊只或其他传染性疾病，则加大消毒力度，早晚交叉用药消毒，酸碱交叉。每批次育肥羊进栏前都要彻底清理消毒	

注：可选用小反刍兽疫与羊痘二联疫苗；

可根据情况调整防疫时间，建议每种疫苗防疫间隔7天；

根据当地情况和季节选择注射口蹄疫与传染性胸膜肺炎疫苗等；

疫苗注射30分钟内要注意观察，个体发生过敏用地塞米松或0.1％肾上腺素缓解；

根据实际情况中后期可再次剪毛。

61. 母羊养殖效益关键点是什么？

母羊养殖效益关键点除市场行情因素外，包括疫病防控、母羊群年产羔率、羔羊成活率和饲养成本。养重于防、防重于治，疫苗接种免疫和消毒是养好母羊的前提；母羊品种和产前产后繁殖管理决定产羔率；接产以及羔羊保健决定成活率；合理分群、合理搭配日粮决定饲养成本。母子分离栏的羔羊早开口、早教槽非常重要，关系到早断奶、早出栏。

62. 羔羊断奶前如何处理？

（1）建议 45～60 日龄断奶，过早或过晚断奶都不利于羊场的整体养殖效益。

（2）产后 20～30 天（具体情况根据断奶时间定）开始母子分离、按顿吃奶。具体方式为每天晚上 8 时母子分开，早上 6 时合群吃奶；上午 8 时左右母子分开，12 时左右合群吃奶；中午 1 时左右母子分开，下午 6 时左右合群吃奶；晚上 8 时母子分开。母羊断奶前一周，根据母羊体况和奶水情况适当控制精饲料饲喂量，在此期间羔羊料要少量多次添加，防止羔羊由于饥饿暴食而发生胀气和腹泻。羔羊断奶后连续 3 天饮用抗应激产品，如电解多维；母羊断奶后 3 天内，根据奶水情况控制精饲料的饲喂量，有利于母羊回奶，防止发生乳腺炎。

63. 如何制定现代化羊舍的建设方案？

羊舍的建造要根据养殖品种、养殖规模、资金储备和效益要求等综合考虑。原则上羊舍要通风良好、冬季保温、夏季防暑、造价低、经久耐用。

（1）设计。依据实际面积结合当地的地理环境进行设计。

（2）适用范围。适用于畜禽圈舍建设。

（3）墙体材料。水泥砖体。

（4）地面材料。水泥砂浆。

（5）羊床材料。木条、竹片或混凝土（图 2-11、图 2-12）。

图 2-11　羊床（竹片）　　　　图 2-12　羊床（混凝土）

（6）屋面材料。均为彩钢瓦，海拔 1 600 米以上地区采用双层材料，600 米以下采用单层材料；彩钢瓦支柱距离按彩钢瓦供应方标准施工（图 2-13）。

图 2-13　采光棚（彩钢瓦结构）

（7）圈舍建设。应设沼气池，沼气池容积按畜禽养殖规模设计。

（8）圈舍朝向。一般为南北朝向。

（9）圈舍布局。规模养殖场布局分四个区域，即生产区、办公区、饲料储藏加工区、粪污处理及病畜隔离区（图 2-14、图 2-15）。

羊舍朝向：宜坐北朝南，坡度 15°～16°，避风向阳。

羊舍面积：成年母羊 0.8～1.0 米^2，羔羊 0.5～0.6 米^2，种羊 1.2～1.5 米^2（表 2-11）。运动场为羊舍面积的 1.5 倍。

羊舍地面：一是要高出舍外地面 20～30 厘米，二是要平整、坚固耐用，地面应由里向外保持一定的坡度，以便清扫粪便和污水。最好建成羊床，离地面 80～100 厘米，采用漏缝地

图 2-14　规模羊场布局示意（饲养羊 300 只）

1. 消毒池　2. 消毒室　3. 办公室、值班室　4. 水塔　5. 加工储藏车间
6. 青贮池　7. 隔离室　8. 兽医室　9. 羊舍　10. 厕所

图 2-15　羊舍外观

板，缝宽 2 厘米。

表 2-11　各类羊舍所需面积

类别	面积（米²/只）	类别	面积（米²/只）
单饲公羊	4.0～6.0	育成母羊	0.7～0.8
群饲公羊	1.5～2.0	去势羔羊	0.6～0.8
春季产羔母羊	1.2～1.4	3～4 月龄羔羊	0.3～0.4
冬季产羔母羊	1.6～2.0	育肥羯羊、淘汰羊	0.7～0.8
育成公羊	0.7～0.9		

　　北方天气寒冷，如果在北方养殖小尾寒羊，羊舍建设应注意：首先要做好冬季保温措施，使羊在冬季不掉膘；1 只羊的占地面积是 1～1.5 米²；羊舍的屋顶和棚顶应具备防雨和保温隔热功能；羊舍地

面可以是砖或水泥，有条件的也可以设羊床、围栏，其功能是将不同大小、不同性别和不同类型的羊隔离，并限制在一定的活动范围内，以利于提高生产效率和便于科学管理；围栏高度1.5米较为合适，材料可以是木栅栏、铁丝网、钢管等，且必须有足够的强度和牢固度；食槽和水槽尽可能设计在羊舍内部，以防雨水和冰冻，食槽可用水泥、铁皮等材料建造，深度一般为15厘米，不宜太深，底部应为圆弧形，四角为圆弧角，以便清洁打扫。

棚舍式羊舍适宜在气候温暖的地区使用（图2-16、图2-17），特点是造价低、光线充足、通风良好。夏季可作为凉棚，雨雪天可作为补饲的场所。这种羊舍三面有墙，开口在向阳面，羊舍前面为运动场。羊群冬季夜间进入棚舍，平时在运动场过夜。

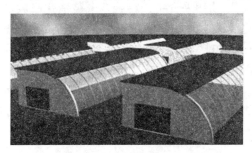

图 2-16　棚舍式羊舍示意

图 2-17　简易棚舍

健 康 养 殖 篇

64. 牛"过料"的情况严重如何处理？

"过料"是指动物采食精饲料后，未被消化吸收的部分通过粪便排出体外的现象，即牛粪便里能看到玉米颗粒。瘤胃酸中毒会引起牛瘤胃消化功能减弱，出现过料现象。

改善措施：大剂量（半袋，250克）灌服绿抗素/肠力健，一般3天见效；配合使用健康伴侣则效果更佳。灌服后用健康伴侣调养7天。如果精饲料（玉米）的饲喂量过大，则应适当减少喂量。

65. 牛群采食正常但体重不增加怎么办？

（1）检查是否已给牛群驱虫，或驱虫效果如何。

（2）检查日粮配方，做饲槽评分（连续3天），查看所提供的日粮是否满足牛群的营养需求。

（3）检查日粮中的原料情况，尤其是水分含量，水分过高会导致实际采食的干物质数量下降，不利于牛群增重。

（4）天气发生变化时（降温），牛群抗寒的营养需要增加，需要对日粮进行调整。

（5）看牛群所处生理阶段，如果是生长阶段，则应以拉架子为主，不应过度追求增重。

66. 肉牛育肥期网胃的网状结构不明显、胃内表皮有腐蚀纤毛脱落等现象，是什么原因导致的？

以上现象属于瘤胃酸中毒。酸中毒分内因和外因。

内因：体温较高时，瘤胃蠕动停止，精饲料长时间在瘤胃内贮存引起自体酸中毒。

外因：给育肥牛突然大量饲喂精饲料导致其酸中毒。如果牛的胃网格比较浅，这与3～6月龄期间高精饲料的饲喂有关。建议对新入圈的犊牛搭配使用大北农产品与健康伴侣。

67. 牛流涎、嚼白沫、蹄子红肿、瘸腿、过料、吐草团等现象的原因和治疗措施如何？

原因：瘤胃酸中毒会引起流涎、嚼白沫、蹄子红肿、瘸腿、过料、吐草团等现象，严重时牛会出现拒食，甚至死亡。

治疗措施：症状较轻时，可以通过调整日粮来缓解，如降低玉米的饲喂量，增加健康伴侣饲喂量；症状严重时，在上述治疗的基础上灌服绿抗素/肠力健，每头牛每次半袋。

68. 牛臌气的原因及处理措施如何？

原因：

（1）瘤胃内气体无法排出容易造成瘤胃臌气。瘤胃壁的扩张会导致胸隔膜和肺部受到挤压。如果压力过大并且无法释放，可导致牛死亡。臌气分为游离气体型臌气和泡沫型臌气。游离气体型臌气通常是由食管堵塞或者瘤胃动力不足引起的；泡沫型臌气是气体滞留于瘤胃的液体部分而形成泡沫所引起的。引起臌气的因素有很多，如饲养管理、瘤胃微生物和饲草等。引起泡沫型臌气的主要因素来自植物组分（草地放牧臌气）或瘤胃微生物（围栏育肥期臌气）。

（2）草地放牧导致的臌气主要是放牧时牛采食了某些豆科牧草（三叶草或苜蓿）或小麦。不是所有的豆科牧草都会引起牛瘤胃臌气，如西塞紫云英等。牛采食生长期的冬小麦植物时更容易发生瘤胃臌气，但采食盛花期后的成熟苜蓿可以降低瘤胃臌气的发生率。

（3）围栏育肥牛出现瘤胃臌气与长期饲喂高精饲料的日粮有关。这类日粮在瘤胃内发酵后能迅速产生大量的有机酸、瘤胃微生物黏多糖，因此容易发生臌气。另外，从高粗饲料日粮向高精饲料日粮过渡时也容易发生此类臌气。平稳缓慢地过渡可以让瘤胃微生物逐渐适应，从而降低瘤胃臌气的发生率。谷物加工处理能够增加淀粉在瘤胃的发酵速率和消化程度，也会增加瘤胃臌气的发生率。降低谷物加工粒度会提高瘤胃微生物酶对淀粉的消化，导致瘤胃液 pH 的降低及黏性的增加。

处理措施：

（1）饲喂泊洛扎林、离子载体和浓缩丹宁都可以起到降低瘤胃臌气发生率的作用。

（2）确保育肥牛日粮中至少含有 10％的物理有效中性洗涤纤维来促进瘤胃的蠕动，将气体排出。

（3）谷物不要加工过细，破碎为宜。

（4）每次变更日粮都要平稳且缓慢。

（5）尽量避免给牛大量饲喂豆科牧草，尤其是在牧草青绿阶段。

69. 牛出现蹄叶炎、腐蹄病的原因和处理措施如何？

原因：许多因素都会引起牛跛行，如环境、管理技术、基因、营养和疾病，在实际生产中要从多个角度入手进行处理。

处理措施：

第一，尽量保持牛舍地面清洁干爽，不要过于泥泞。地面完整性较差和地面不平整会导致牛蹄趾角质受损。卧床尺寸和垫料不当都会增加牛群站立时间和跛行发生率。饲养密度也会影响牛群的站立时间和蹄病发生率。采食空间不足也会引起牛群争斗和蹄趾损伤。所以从环境上要尽量避免牛群蹄部损伤和感染性蹄病（如蹄趾皮炎和腐蹄病）的发生。

第二，通过微量营养提高蹄部质量，优化蹄部生长、发育和功能。锌、锰、铜对于维持健康的蹄趾角质和肢蹄的组成很重要。

（1）锌对于免疫功能、伤口愈合和组织修复非常重要，锌也是蹄趾角蛋白生成的关键组成成分。

（2）锰是维持正常骨密度和关节结构（尤其是软骨的发育和强度）所必需的微量矿物质。锰对于蹄部内部结构的作用要大于其对蹄趾角质所起的作用，用于合成硫酸软骨素，对于关节软骨的生成、维持和修复非常重要，并且可以满足骨骼基质的生长和维持。

（3）铜可用于合成和维持弹性结缔组织，如韧带、肌腱、骨骼结构和软骨。

（4）常量矿物质钙、磷、硫的作用也很重要。钙占骨骼的35％，对于保持骨骼生长和骨架健全非常重要；磷占骨骼的 4％～17％，对于保持骨架健全也非常重要；硫是氨基酸、维生素、胰岛素和硫酸软骨素的分子组成部分，也是胶原蛋白、角质蛋白关联蛋白和细胞膜蛋白的组成部分。

（5）维生素 A 对于皮肤上皮组织和骨骼健康非常重要。摄入不足会导致骨骼重建异常；缺乏可导致冠状带炎症。

（6）生物素对于角蛋白形成和蹄趾角质外层的细胞间的黏结非常重要。蹄病和蹄尖裂开与生物素缺乏有关。

（7）维生素 D 对于调控钙的代谢非常重要，在阳光照射充足的情况下，维生素 D 很少缺乏，但是在纯舍饲情况下，维生素 D 的需求会大大增加。

大北农预混料 BD4912 专为舍饲拴系牛设计，在维生素 A、维生素 D、生物素和各种微量营养素上都进行了加强，可有效提高牛骨骼和蹄部的健康度。

第三，避免牛群酸中毒是降低蹄叶炎发生率的最有效方法。蹄叶炎是全身代谢紊乱的局部表现。育肥牛很难避免蹄叶炎的发生，只能减缓症状。从几方面可以降低酸中毒的发生：避免突然改变饲料配方（3～7天的过渡期）；保持固定的投喂时间，少量多次饲喂；避免谷物粉碎过细，增加粗饲料比例；添加缓冲剂等方法都可以降低酸中毒的发生率。大北农健康伴侣在牛育肥期降低蹄叶炎的发生率上具有一定功效。

总之，既要通过提供各种微量营养素来确保优质的蹄趾角质和肢蹄组成，还要避免管理不当导致的蹄部损伤和感染（如蹄趾皮炎和腐蹄病）。更重要的是，高精饲料引起的酸中毒是导致育肥牛蹄叶炎高发的主要原因，靠微量营养素调节是无法控制的，所以通过日粮的营养平衡来调控瘤胃酸中毒是预防蹄叶炎发生的主要措施。总之，多个措施同时进行才可以有效降低牛跛行的发生率。

70. 牛换毛有哪些影响因素？

（1）体弱患病的牛换毛慢。
（2）圈舍环境差、刷拭牛体不到位的牛换毛慢。
（3）日粮营养缺乏的牛换毛慢。
（4）微量元素缺乏的牛换毛慢。
（5）应激状态下的牛换毛慢。

71. 牛脱毛的原因有哪些？

可引起牛脱毛的原因很多，如季节性脱毛、疾病、营养性脱毛、环境和管理因素等。

（1）季节性脱毛。牛在春季和秋季都有脱毛的现象，原因是天气回暖时脱掉部分旧毛，以调节体温；天气变冷时就会脱掉粗毛，更换绒毛，以度过寒冬。均属正常现象。

（2）疾病。牛感染体表寄生虫，如疥螨、痒螨等可引起牛在肩部、颈部、头部、腰臀部发生局部脱毛现象；体内寄生虫如蛔虫、线虫、球虫等也会导致牛对营养物质无法充分消化吸收，出现营养不良，从而导致脱毛；真菌类如牛钱癣病主要是由毛癣菌属或小孢子菌属引起的皮肤真菌感染性传染病，又称脱毛癣、秃毛、匍行疹和皮肤霉菌病；牛皮肤病如毛囊炎、湿疹等也会造成脱毛；牛消化系统、健康状况出现问题时，如瘤胃微生物菌群失衡，导致牛对采食的营养物质无法充分吸收利用，也容易出现营养不良、脱毛的情况。

（3）营养性脱毛。牛营养缺乏，尤其是微量元素摄取不足，体内大量缺乏 B 族维生素，可出现清瘦脱毛、被毛稀疏；铜的缺乏使牛皮毛角蛋白的合成受阻而生长缓慢，容易造成被毛褪色、蓬乱、毛质脆弱、逐渐变直；牛缺锌时，最初表现为食欲减退和生长受阻，随之发生皮肤不完全角化症；犊牛缺锌时前肢上部、眼部、嘴周围、大腿内侧等部位出现皮炎，炎症部位脱毛，腿脚僵硬，关节肿大。

（4）环境和管理因素。牛舍环境卫生差、湿度大、通风不良也会造成牛脱毛。尤其是北方冬季为了保暖，通风换气不及时造成牛舍湿度过大，所以在御寒的同时也要考虑牛舍的通风效果。

72. 牛异食癖的原因和预防措施如何？

原因：牛异食癖的原因较多，发生时应考虑干物质采食量是否满足，能量、蛋白质是否足够，精粗饲料比例是否合适。如果干物质采食量足够，则个别牛可能是习惯性异食癖，大群出现异食癖有可能是盐和微量元素缺乏；酸中毒也会导致牛出现异食癖。

预防措施：

（1）保证足够的干物质采食量（精粗饲料比符合各阶段的要求）。

（2）补饲微量元素如舔砖。

（3）异食癖的牛集中隔离放牧一段时间（依据各养殖场条件）。

73. 牛"玩舌头"怎么办？

对于牛"玩舌头"现象，要看其对生产有无负面影响，如无负面影响则不用管。如果牛出现采食量下降、生长缓慢等影响生产效益的现象，则排查牛舌头或者口腔内是否有伤口（被狼针类的草刺伤），有些杂草可能在采食过程中损伤口腔；饲草里存在特殊口感（苦、涩）的草会影响味蕾，牛采食后也会出现"玩舌头"现象；另外，要考虑牛是否患有巴氏杆菌病，可以进行病原检测或者找有经验的兽医进行诊断，同时给牛接种巴氏杆菌病疫苗。

74. 牛失明的原因是什么？

维生素 A 缺乏与牛的失明有很大关系。维生素 A 本身在植物中是不存在的，而是以不同的前体物质——胡萝卜素或类胡萝卜素的形式存在。对于肉牛来说，类胡萝卜素转化为视黄醇的效率是可变的，一般低于非反刍动物的转化效率。除了黄玉米籽粒外，很少见到其他谷物籽实中含有足量的类胡萝卜素，特别是类胡萝卜素接触阳光、氧气、高温、高压会被迅速破坏。玉米青贮中的维生素 A 利用率也很低。肝脏可以贮存维生素 A，但时间是有限的，不超过 2～4 个月。因此，当日粮中维生素 A 浓度低时，应该仔细观察牛是否有维生素 A 缺乏症的征兆。如果母牛在产前营养不足，很容易导致出生犊牛出现失明。另外，有些地区在母牛料中大量添加白酒糟，尤其是在妊娠母牛的日粮中，这会导致犊牛失明的发生率提高。

75. 初产母牛出现难产的原因和预防措施如何？

原因：

（1）主要由于母牛在刚刚达到性成熟时（即有发情表现时）就开始配种，而此时母牛的体重和体高都没有达到配种的标准。

（2）冷配（即指牛冷冻精液人工授精技术）的品种是影响犊牛初生重的最主要因素。本地黄牛体型小，而冷配的品种大多数为西门塔尔牛、夏洛来牛等，体型较大，导致犊牛初生重大。

（3）围封禁牧政策实施后，母牛采用圈养，运动量不足。同时，不饲喂母牛料，而长期大量饲喂玉米面，导致母牛脂肪沉积过多，多种维生素、矿物质元素摄取量不足（引起母牛初产时子宫收缩乏力），最终使初产母牛发生难产。

预防措施：

（1）合理选择初配月龄和体重。大多数母牛品种在13～15月龄进入初情期，饲喂充足时23～24月龄即可产犊。典型的欧洲品种（如安格斯牛、夏洛来牛、利木赞牛、海福特牛等）达到初情期时的体重约为成年体重的60%；乳肉兼用牛在年龄较小和体重较低时（大约占成年体重的55%）即可达到初情期；而瘤牛品种（如婆罗门牛、尼洛尔牛等）达到初情期的年龄约为14月龄，体重大约为成年体重的65%。目前一些专家建议初配时的母牛体重可以按照成年体重的55%作为标准，也有专家建议按照成年牛体重的60%～65%作为初配的体重，因为这个体重所有的青年母牛都已经进入了发情期。两种体重标准存在争议，具体的初配目标体重要根据自己的牛场情况进行调整。

（2）合理选择初配品种。育成母牛在初配时一定要选配体型相对较小的品种，避免"小牛怀大胎"而引起难产。

（3）保证母牛足够的运动。

（4）合理搭配母牛日粮。均衡地补充能量、蛋白质、多种维生素和矿物质，不能只饲喂玉米面。

76. 影响母牛发情表现的因素有哪些？

发情行为是母牛在雌激素作用下表现的性行为，不仅受到下丘脑—垂体—卵巢生殖轴分泌激素的反馈调节，而且受到中枢神经系统和体液免疫系统的调节。因此一切可影响内分泌、神经系统和体液免疫系统的因素，都可能影响母牛的发情行为表现。

影响母牛发情行为表现的因素包括母牛自身因素，如品种、体况、生产性能等；营养因素，如日粮和维生素；环境因素，如牛舍地面、温度和卧床；疾病因素，如乳腺炎、肢蹄病和生殖道疾病等。

77. 母牛主要的繁殖疾病有哪些？

（1）卵巢疾病。母牛常见的卵巢疾病包括卵巢静止、卵巢囊肿（卵泡囊、黄体囊肿）和持久黄体。

（2）生殖道疾病。母牛常见的生殖道疾病主要是子宫疾病，包括子宫颈炎、子宫内膜炎、子宫蓄脓等。子宫内膜炎又可根据严重程度分为隐性卡他性子宫内膜类、慢性卡他性子宫内膜类、慢性卡他脓性子宫内膜类和慢性脓性子宫内膜炎 4 种。母牛常见的生殖道疾病还包括阴道炎和阴道胀气等。有些头胎青年母牛可能由于胎儿过大或者接生方法不当发生阴道和阴门裂等。虽然母牛也可能发生输卵管炎、输卵管堵塞和输卵管粘连等疾病，但是生产中相对少见。

（3）胎衣不下。胎衣不下虽然是一种阶段性的病症（产后几天内），但胎衣不下是造成产后母牛子宫炎症的重要因素。

78. 怎样通过营养方案解决母牛繁殖障碍？

青年牛繁殖障碍多由于营养失衡、微量元素摄入量不足而引起，表现为卵巢静止、子宫幼稚等，结合牛只检查配合使用大北农生产的母牛宝效果极其显著。

成年母牛繁殖障碍的病因相对于青年母牛较多。围产前营养缺乏、产犊后营养摄入不足、哺乳犊牛时间过长、长期拴系式喂养、饲料营养过于单一，会造成母牛激素分泌紊乱而引发慕雄狂，长期发情但不易妊娠。卵巢静止、持久黄体、黄体囊肿造成的母牛长期不发情，通过检查并搭配使用大北农的产品月子料可以获得良好的改善效果。

79. 育肥犊牛日龄及个体相对较小，饲喂犊牛料后腹泻和掉膘现象比较明显，在现有犊牛料的基础上是否有方法可以改善这一现象？

体重较小的犊牛进入育肥场后主要面临四个问题：第一是犊牛可能从来没有吃过精饲料，所以瘤胃的发育还不健全；第二是犊牛还没有断奶，既要面临断奶应激，还要面临母子分离应激；第三是混群应激，即重新定位犊牛在牛群中的地位；第四是运输应激。

肉牛应激是指由内外部环境刺激引起的一种适应性变化或非特异性反应。应激可以凸显或加剧营养缺乏，而营养缺乏会诱发应激反应。肉牛的主要应激源包括断奶、拥挤、运输、断水断料、接触大量病原体、新饲料过渡和适应陌生环境等；其他应激源包括极端天气和管理程序等（如阉割、去角、疫苗处理、驱虫）。所有这些应激都可以影响肉牛的营养需要量。由于营养和应激是相互关联的，因此认为两者之间的作用是连续不断的过程。肉牛的应激管理主要包括两个部分：①应激原因的管理；②应激影响的管理，这需要通过观察肉牛的变化来确定。这两个部分都涉及营养管理。

犊牛腹泻和掉膘也是应激表现的一种，可以按照大北农过渡期营养方案进行管理（表2-1至表2-3）。

80. 犊牛应该注射哪些疫苗？

犊牛免疫流程见表 3-1。

表 3-1　犊牛免疫流程

月龄	疫苗种类	免疫途径	备注
1	牛副伤寒灭活疫苗	皮下/肌内注射	免疫期 6 个月。流行地区可以对 2～10 日龄犊牛首免
	牛气肿疽灭活疫苗	皮下/肌内注射	免疫期 1 年。注意母源抗体干扰
	牛传染性鼻气管炎疫苗	肌内注射	出生后 2～5 周龄、5～6 月龄接种 2 次
	牛病毒性腹泻疫苗	肌内注射	出生后 2～5 周龄、5～6 月龄接种 2 次
2	牛出血性败血症灭活疫苗	皮下/肌内注射	免疫期 9 个月
	Ⅱ号炭疽芽孢疫苗（或无毒炭疽芽孢疫苗）	皮下/肌内注射	免疫期 1 年
3	口蹄疫灭活疫苗	皮下/肌内注射	90 日龄左右初免，免疫剂量是成年牛的一半。间隔 1 个月后进行 1 次强化免疫，以后每隔 4～6 个月免疫 1 次。注意选择与流行毒株匹配的血清型疫苗
	牛衣原体疫苗	皮下/肌内注射	注意母源抗体干扰
6	梭菌多联灭活疫苗	皮下/肌内注射	免疫期 6 个月
7	布鲁氏菌病弱毒疫苗	皮下注射	青年牛 6～8 月龄首免，初次配种前再加强免疫 1 次
12	牛出血性败血症灭活疫苗	皮下/肌内注射	免疫保护期 9 个月
	Ⅱ号炭疽芽孢疫苗（或无毒炭疽芽孢疫苗）	皮下/肌内注射	免疫期 1 年

81. 犊牛"红鼻子"的原因和防治措施如何？

原因：犊牛"红鼻子"分两个阶段，第一阶段是新生犊牛的鼻子红、牙龈红，这是先天性维生素 C 缺乏症，可引起新生犊牛抵抗力降低和腹泻，甚至死亡。第二阶段是 30 日龄以后的犊牛发生传染性鼻气管炎，体温升高、呼吸快速、咳嗽，因发热导致鼻镜部的表皮脱落，引起鼻镜皮肤红，这种症状称为"红鼻子"病，是病毒性传染病。发生传染性鼻气管炎的犊牛最终死亡是由于继发巴氏杆菌感染，出现严重的肺炎，剖检时肺部有大量化脓病灶，胸腔粘连。

防治措施：对于第一阶段的犊牛"红鼻子"需要将维生素 C 放入奶中喂服，有很好的治疗效果。对于第二阶段的病毒性传染病，预防措施是给干奶期和围产期的母牛接种传染性鼻气管炎疫苗。发病的犊牛没有特效药，主要是用抗生素预防细菌继发感染。无疫苗使用时，可使用长效土霉素、磺胺类药等控制巴氏杆菌感染；如有疫苗（牛出血性败血病氢氧化铝疫苗），对青年牛或干奶牛进行免疫，通过母源抗体建立犊牛的抵抗力。

82. 黄膘羊产生的原因和预防措施如何？

原因：判断此病，需要区分黄疸羊与黄膘羊，大量黄膘羊出现与饲料氧化应激有关。

黄疸羊属于肝胆疾病，病症有眼球巩膜发黄、拒食、肝区疼痛、消瘦等，严重时有死亡现象。剖检病羊发现，脂肪、肌肉和内脏全部黄染，胆囊肿大。黄疸羊的病因较多，一般除寄生虫黄疸疾病外，多数与长期过量食用精饲料有关。

黄膘羊的脂肪为黄色。脂肪变黄的原因主要与饲料的种类和质量有关。例如，长期饲喂含有丰富黄色素的饲料（如胡萝卜、玉米、南瓜、紫云英等）；长期大量饲喂含有多不饱和脂肪酸的饲料（如油渣、荞麦等）；日粮中缺乏维生素 E 或抗氧化剂。

预防措施：

（1）育肥羊饲料中禁止添加促氧化物质，如氧化镁、高铜预混料（肉羊使用肉牛、奶牛、猪预混料）。市场中也会发现一些养殖户饲喂浓度较高的预混料，但并没有发生黄膘羊现象，有可能是饲料还没有氧化，所以没有对羊造成氧化应激。但是，商品饲料中如果加入大量含有促氧化物质的预混料，在贮存期间饲料就会发生氧化，导致育肥羊氧化应激，形成黄膘羊。

（2）育肥羊饲料禁止使用氧化原料，如大量使用不饱和油脂、使用过期且有哈喇味的原料、陈化玉米等。

（3）育肥饲料根据促氧化程度需要适当加入抗氧化剂。

（4）提升饲料维生素 E 水平。

（5）建议全程加大饲草的饲喂量或者全程饲喂健康伴侣，育肥期禁止使用药物添加剂，同时缩短高精饲料育肥时间，让育肥羊尽快出栏。

83. 育肥羊尿结石产生的原因和预防措施如何？

原因：引起育肥羊尿结石的因素比较多，一般与过量饲喂淀粉含量高的精饲料及过渡方式有关。具体原因如下：

（1）饲喂大量谷物会增加尿液中的黏蛋白含量，同时增加磷的摄入量。高水平黏蛋白和高水平磷会引起尿液碱化，从而形成磷酸盐结石。

（2）饮水不足导致尿液浓缩，同时摄入过量的矿物质引起尿液浓度增加，尤其是磷酸盐，从而形成结石。

（3）维生素 A 缺乏和使用生长刺激物（如雌激素）会增加水腹，对排尿有影响。

预防措施：

（1）调整日粮中钙磷比不低于 2∶1（日粮组成除商品料外，还包括粗饲料、额外添加的蛋白质原料、辅料等，而蛋白质原料和辅料磷含量很高，容易导致钙磷比例失衡）。

（2）盐含量可以增加到1%～2%，氯化铵添加量为0.5%。但是，如果含盐量充足而饮水不能保证，也会导致育肥羊采食量下降。同时需要注意，如果是自配料，很多预混料中已经添加了一定比例的食盐，配制日粮时需要考虑食盐含量不能超标。

（3）保持饮水充足。如果冬季饮水无法保证，可以采用按顿喂温水，1天保证给羊提供3～4次温水。这样既可以保温，也会促进排尿，降低结石发生的概率。

（4）加强运动可以促进结石排出。

（5）每次添加精饲料时要缓慢、多次添加，有助于预防育肥羊尿结石的发生。在过渡期使用健康伴侣（至少200克/天）和绿抗素结合可以有效预防尿结石的发生。

总之，结石是由多种原因导致的，只有每一项防控措施都做到位，才能有效预防结石的发生。当氯化铵在日粮中的添加量达到0.5%以上时，育肥羊的采食量明显降低，氯化铵包被处理可有效改善日粮的适口性。大北农精饲料补充料中选择了适口性强的优质原料并搭配了一定比例的包被氯化铵，同时添加了抗尿结石的功能性成分，对预防尿结石起到了综合性的预防作用。建议在过渡期将大北农精饲料补充料与健康伴侣搭配使用；整个育肥期都使用健康伴侣，每天200～250克（不能低于200克，否则无效）。

84. 青海欧拉羊饲喂全混合饲料容易出现尿结石的原因是什么？

青海欧拉羊属于藏系绵羊本地品种，耐寒、耐粗饲，在本地往往用于成年羊育肥，育肥期不超过2个月。运输到内地后，由于与高原环境不同，并且青海欧拉羊从来没有吃过精饲料，导致应激比较严重，对精饲料的适应也较差。因此，运输后的过渡期间可以搭配使用健康伴侣与精饲料，过渡时间不低于1个月。最好全程饲喂健康伴侣，每天 200 克，以降低其尿结石发生的概率。

85. 育肥羊肝脏肿大，易碎，像泡沫，是什么原因所致？如何预防？

原因：

（1）长期给育肥羊饲喂高精饲料，加重了肝脏代谢负担。

（2）饲料中霉菌毒素超标。

（3）一些传染病因素，如果还有其他临床症状，则需要综合诊断。

预防措施：

（1）每次添加精饲料时要缓慢、多次添加，全程搭配健康伴侣，每天 200 克。

（2）饲喂营养均衡的日粮，不要饲喂发霉饲料。

（3）做好疫病防控、驱虫和环境消毒等工作，可参考大北农营养保健方案（表 2-8 至表 2-10）。

86. 羊脱毛症的原因及防治措施如何？

原因：

（1）营养性脱毛。主要由于羊缺乏微量元素、维生素或含硫氨基酸而引起。在羊营养缺乏、补饲不足的情况下发生"饥饿毛"。

（2）病理性脱毛。常见于细菌和病毒感染、寄生虫侵害、中毒和代谢紊乱，如金黄色葡萄球菌、霉菌孢子感染损伤皮肤等，而寄生虫侵害主要为羊螨病。此外，皮肤真菌病、羊痘、羊传染性脓包、溃疡性皮炎、坏死杆菌感染等也可引起羊脱毛症。

防治措施：

（1）营养性脱毛。应额外补充预混料，加强营养，也可对脱毛严重的羊进行隔离，每日补充鸡蛋 2 枚、胡萝卜 400 克。

（2）病理性脱毛。保持圈舍干燥清洁，定期驱杀羊体内外寄生虫（可选择大北农帝乐芬），天气允许的情况下，使用大北农生产的消毒剂金卫康 1：500 浓度进行羊体消毒，1％敌百虫或 0.05％辛硫磷进行药浴。

87. 大群羊吃毛的原因及预防措施如何？

原因：首先，判断羊群干物质采食量是否足够；其次，判断羊群能量、蛋白质、矿物质、维生素是否能够满足各阶段的需要；再次，考虑是否对羊群进行了驱虫，寄生虫影响羊群对营养物质的吸收；另外，羊群具有一定的模仿性，一只羊被吃毛，会转变为群体吃毛。

预防措施：

（1）保证羊群足够的干物质采食量（精粗饲料比符合各阶段的要求）。

（2）提供舔砖，以补充微量元素。

（3）定期给羊群进行驱虫。

（4）当一只羊被群体吃毛，或者个别羊存在吃毛习惯，可以将吃毛羊隔离，防止全群模仿。

88. 母羊场免疫有哪些注意事项？

建议疫苗春秋两季同时注射，新入圈的羊要进行免疫，但妊娠后期的羊不能免疫，以防流产。

89. 母羊产前瘫痪的预防措施如何？

（1）经产多羔母羊容易出现产前瘫痪，产前 45 天左右单羔和多羔母羊分群管理。

（2）多羔母羊干物质采食量至少为体重的 2.0％～2.5％，产前单羔母羊精饲料饲喂量为每天 350～400 克，多羔母羊为每天 500～750 克。结合使用大北农母羊功能包效果更好。

（3）保证母羊适当的光照和运动量。

90. 羔羊佝偻病的原因及防治措施如何？

原因：佝偻病是羔羊在生长发育过程中，因维生素 D 缺乏以及钙磷代谢障碍而引起骨营养不良性的一种疾病。发病初期羔羊生长迟缓、衰弱、精神沉郁、喜卧、起立缓慢、行走步态不稳、跛行、异食癖、消化紊乱，随着病程发展，出现骨骼变形，前肢关节呈 O 形或者 X 形。病程长的患病羔羊关节肿大，四肢弯曲不能伸直，腰背拱起，严重的表现腕关节着地爬行，躯体后部不能正常抬起，呼吸和心跳加快。

先天性羔羊佝偻病是由于妊娠母羊体内钙磷或者维生素 D 缺乏，影响胎儿骨骼的正常发育而引起的一种病变；后天性羔羊佝偻病是由于母乳中维生素 D 或钙磷不足，或者母羊长期缺乏运动以及阳光照射不足引起。

防治措施：

（1）肌内注射维生素 AD 注射液 2～3 毫升，2 天 1 次，连用 10～20 天，同时灌服精制鱼肝油 3～5 毫升，每天 1 次，连用 10～20 天，效果良好。

（2）加强妊娠母羊和泌乳羊的饲养管理，供给营养均衡的母羊饲料。

（3）羔羊出生后加强护理，要及时补给优质的羔羊饲料。

91. 什么是瘤胃酸中毒？有什么危害？

瘤胃酸中毒的典型症状是瘤胃 pH 降低。对于采用高精饲料饲喂的育肥牛和育肥羊，酸中毒是最常见的消化系统代谢紊乱综合征。一般把瘤胃酸中毒分为亚急性（亚临床）酸中毒和急性（临床）酸中毒。一般认为，瘤胃 pH 低于 5.8 时即出现了亚急性瘤胃酸中毒。大多数人认为 pH 低于 5 是急性瘤胃酸中毒的表现。亚急性瘤胃酸中毒的牛羊在饲喂后，瘤胃 pH 会慢慢返回到饲喂前的水平，瘤胃 pH 低于临界值的时间一般每天持续 3～4 小时；而急性酸中毒需要人为干预，育肥牛羊通常会出现拒食。低瘤胃 pH 会损害瘤胃上皮的完整性，降低挥发性脂肪酸的吸收能力和引起间质组织的感染；低瘤胃 pH 还会出现粪便变稀、过料严重、吐草团、异食癖、采食量下降并采食较大的饲料颗粒、拒食等现象；低瘤胃 pH 与育肥牛羊的健康也息息相关，会引起跛行、瘤胃炎、肝脓肿、瘤胃臌气、乳脂率下降、尿结石、黄疸肉等。

92. 发生瘤胃酸中毒的原因及预防措施如何？

原因：

（1）日粮中含有大量的非结构性碳水化合物（如淀粉、糖）。

（2）日粮中的物理有效中性洗涤纤维含量低（建议至少达到日粮干物质的 10％）。

（3）实施梯度日粮转换程序时过快（瘤胃微生物和瘤胃上皮对日粮变化需要适应过程）。

（4）日粮混合或者饲喂方法不当导致牛羊挑食。

预防措施：

（1）控制每次饲喂时间。牛入栏后 7 天（饲喂 35 分钟）、7～15 天（饲喂 45 分钟）、15～60 天（饲喂 60 分钟）、60 天至出栏（饲喂 45～50 分钟）。

（2）合理控制精粗饲料比。体重 250～350 千克，精饲料占体重的 1.1％～1.2％，精粗饲料比为 6：4；体重 350～425 千克，精饲料占体重的 1.2％～1.25％，精粗饲料比为 6.5：3.5；体重 425～500 千克，精饲料占体重的 1.25％～1.3％，精粗饲料比为 7：3；体重 500 千克至出栏，精饲料占体重的 1.3％～1.4％，精粗饲料比为8∶2。

（3）缓慢加料，可固定日期加料，加料时重点关注牛粪便的变化。

（4）合理饲喂玉米面。1头牛1天的饲喂量超过6千克后须谨慎添加，不能超过7千克。体重小于250千克的牛要控制玉米面的添加量。浓缩料饲喂不足时，过量饲喂玉米面从经济效益来说很不划算。玉米面不是喂得越多越好，关键是要保证营养均衡。

（5）合理添加小苏打。在高精饲料日粮中添加1%或在青贮日粮中添加1.2%小苏打，在饲喂初期有效，但长期饲喂效果不明显。总体来说，小苏打的作用效果有限，且具有可变性。当牛羊处于向高精饲料过渡或向高青贮日粮过渡的适应期内，添加缓冲剂可以提高其生产性能，但效果不会在整个饲喂期维持。

（6）添加功能性产品，如健康伴侣和绿抗素。

①健康伴侣缓解群体亚急性酸中毒。1千克健康伴侣替代1千克玉米面，连续饲喂15天（原因是瘤胃微生物建立新的菌群平衡需要2周），然后经过7~10天玉米面逐渐加至原来的饲喂量。

②绿抗素在育肥后期添加有健胃的作用（预防蹄病）。强制育肥期60天全程饲喂绿抗素，每头牛每天30克，拌料连用15天（此时不要考虑成本）。出栏前3个月健胃：每月1次，每头牛每天20克，拌料连用7~15天。

注意：缓解群体亚急性酸中毒或健胃时，健康伴侣与绿抗素同时使用效果最佳。

（7）使用蒸汽压片玉米消化利用率能提高10%。与传统的干加工方式相比，蒸汽压片方式可以提高牛日增重6.3%，同时降低干物质采食量5%。蒸汽压片的最佳容重范围：310~360克/升。蒸汽压片缓解酸中毒的原理：改变淀粉的消化部位，增加了淀粉的过瘤胃速度，使其转移至肠道消化吸收，减轻瘤胃负担。使用蒸汽压片时主要考虑性价比，可替代部分玉米面（按照5∶5添加）。

（8）增加干草饲喂量。干草的添加对于避免和缓解瘤胃酸中毒的效果好于小苏打。添加干草要结合现场实际情况来判断，根据牛酸中毒的程度、瘤胃 pH、日粮物理有效中性洗涤纤维含量、饲喂频率、原料加工方式、牛的体重和育肥阶段等综合判断。但是在育肥牛生产中，通过增加干草饲喂量来缓解瘤胃酸中毒对长势的影响较大。

93. 牛羊疫苗免疫的时间间隔多长合适？

各种疫苗的免疫还需要按照使用说明来进行，一般情况是间隔 7 天。

94. 消毒剂金卫康除圈舍消毒外有什么妙用？

对羊口疮、牛羊口蹄疫引起的口唇溃烂，使用金卫康进行原粉涂抹或者高浓度喷擦有良好效果。

95. 育肥牛羊的驱虫模式有哪些？

（1）皮下注射伊维菌素注射药。

（2）可以选择大北农帝乐芬，100 千克体重用 10 克大北农帝乐芬拌料饲喂，不能超过 50 克。

（3）针对有体外寄生虫、严重脱毛和蹭毛现象的牛羊，夏季可以进行药浴。

96. 肉牛肉羊驱虫是针剂好还是粉剂好？

建议两者结合使用，并且体内体外驱虫相结合，每次驱虫要进行 2 次。另外，舍饲的牛羊在驱虫后圈舍要进行消毒，杀灭圈舍和粪便中的虫卵。

97. 妊娠的母牛母羊是否可以驱虫？

对妊娠母畜慎用或者低剂量使用驱虫药物，具体需要咨询兽药厂家。建议妊娠后期的母畜不驱虫，防止流产。

98. 母牛母羊胎衣不下的原因和预防措施如何？

原因：

（1）母畜的免疫力低下。机体无法识别胎衣是异物，所以无法将其排出，一般与母畜产前营养缺乏有关。

（2）子宫收缩无力，导致胎衣无法排出。母畜产前营养缺乏，瘦弱或者过度肥胖，运动缺乏，胎儿过大，难产等都容易导致胎衣不下。

（3）炎症。如胎盘炎症、子宫内膜炎等都容易引起母体胎盘和胎儿胎盘粘连而导致胎衣不下。

（4）应激。如噪声、忽然更换青贮饲料、更换饲养管理人员等。

（5）粗饲料出现严重霉变。

预防措施：

（1）根据母畜不同阶段的营养需要给予合适的饲粮。保证营养均衡，母畜不能过肥或过瘦。

（2）在产前让母畜适度运动。

（3）配种时进行品种选择。要考虑胎儿大小，防止由于胎儿过大而引起难产。

（4）预防炎症发生。产后子宫内塞入长效土霉素，既可以预防炎症，又有利于胎衣排出。

（5）产后给母畜饲喂麸皮盐钙汤。有助于母畜恢复体能和排出胎衣。

99. 母畜容易发生流产的原因和预防措施如何？

原因：

（1）圈舍拥挤会导致母畜机械性流产。

（2）饲料饲草发霉变质，导致霉菌毒素超标。

（3）感染疾病特别是布鲁氏菌病，以早期流产、群发性流产为主，而且没有异常病症。

（4）营养严重缺乏。

预防措施：

（1）不要饲喂含有霉变的饲草和冬季饮冰水。

（2）注意圈舍饲养密度，不能拥挤，公母畜分开，避免公畜追赶母畜。

（3）妊娠后期不能注射疫苗，不饲喂泻火药。

（4）营养均衡。

（5）注意可能导致流产的传染病如布鲁氏菌病等。

100. 新生羔羊和犊牛频繁发生腹泻、咳喘病的原因和预防措施如何？

原因：

（1）产前母畜营养缺乏。第一会导致幼畜体弱，抵抗疾病能力差；第二会导致母畜初乳质量差；第三会导致幼畜吸收免疫球蛋白的能力低下。

（2）幼畜没有及时吃到初乳。这个时期免疫力主要靠吸收初乳中的免疫球蛋白进行被动免疫。但是，能吃到初乳只是第一步，如果产前幼畜吸收免疫球蛋白的能力比较弱，被动免疫转移成功率就会受到影响。被动免疫转运能力差的犊牛和羔羊更容易发生肺炎。

（3）环境因素。湿热天气和湿冷天气，或者空气不流通，也容易使犊牛和羔羊发生腹泻和咳喘。圈舍垫草潮湿、有贼风、消毒不彻底等都是导致犊牛和羔羊发生腹泻的主要原因。

（4）营养因素。饲草发霉或者霉菌毒素含量高、水分含量高、贮存不当等都是导致犊牛和羔羊发病率高的原因。

（5）病原菌的传播。病畜没有及时隔离治疗和消毒，容易群发。

预防措施：

（1）一定不能忽视母畜的营养，应按程序饲喂。

（2）保持畜舍干燥通风但不能有贼风，尤其是犊牛肚子处不能吹风。

（3）保持畜舍干燥，防止细菌滋生。定期消毒，杀灭病菌。尤其是有病畜出现时一定要隔离病畜并消毒。

（4）给犊牛和羔羊提供垫草。垫草可以给腹部保暖，但潮湿的垫草是滋生病菌的场所，应及时更换。

（5）每天观察牛群和羊群的健康情况（尤其在饲喂时）与精神状态，及时发现病畜并处理。一旦发生疾病，除了使用抗生素治疗以外，补液也很重要，以防止病畜脱水死亡。刚出现腹泻症状时，给病畜口服电解质补液盐，如果严重腹泻则只能静脉滴注治疗。

（6）饲喂营养均衡的日粮，不要饲喂发霉饲料。保证饮水清洁，控制水温（最好是温水，不要使用冰水）。

（7）母羊产前 30～40 天打三联四防疫苗可以有效预防羔羊腹泻。

图书在版编目（CIP）数据

牛羊健康养殖 100 问 / 董晓玲主编 . —北京：中国
农业出版社，2022.9（2025.2 重印）
ISBN 978-7-109-29912-2

Ⅰ.①牛… Ⅱ.①董… Ⅲ.①养牛学－问题解答 ②羊
－饲养管理－问题解答 Ⅳ.①S823-44 ②S826-44

中国版本图书馆 CIP 数据核字（2022）第 158063 号

牛羊健康养殖 100 问
NIUYANG JIANKANG YANGZHI 100 WEN

中国农业出版社出版
地址：北京市朝阳区麦子店街 18 号楼
邮编：100125
责任编辑：王森鹤　周晓艳
责任校对：吴丽婷
印刷：中农印务有限公司
版次：2022 年 9 月第 1 版
印次：2025 年 2 月北京第 14 次印刷
发行：新华书店北京发行所
开本：880mm×1230mm　1/32
印张：2.75
字数：65 千字
定价：20.00 元